色で見わけ五感で楽しむ野草図鑑

監修 藤井伸二
著 髙橋修

今まで意識していなかった、身の周りの植物たち。
よく観察してみると、それぞれ種類が違ったり、きれいな花が咲くことに気づきます。
本書は、花の色や時期を目安に野草を見わけることができる図鑑です。
見わけたら、観察を五感で楽しみましょう。
雑草だと思っていた身の周りの植物は、それぞれ個性ある野草なのです。

ナツメ社

本書について

雑草が「野草」に変わる

今まで「ただの雑草」と見過ごしていた植物を、よく観察してみましょう。どの植物にも驚くほど繊細な細工が施されていることがわかります。花などの複雑なつくりを見ると、もっと知りたくなります。知れば知るほどスキになります。雑草だと思っていた植物が「野草」に変わり、身の周りの当たり前だった景色が彩りをもち、輝いて見えるようになります。そんなステキな体験を、本書がお手伝いできれば幸いです。

特長1

色で見わける

本書では野草を調べて種類を見わけるために、花の色と咲く時期を手がかりにしています。観察対象の野草の花の色を見て、本書でおおまかに分けた**7系統の色**から該当する色を見つけ、その色のグループの中で、同じ花を探して下さい。各色のグループ内では花期が早い順番に野草を並べてありますので、探す目安にして下さい。

白色

黄色

橙色

赤色

紫色

青色

緑色／茶色

本文デザイン　沼上純也
装丁デザイン　西田美千子
イラスト　マカベアキオ　川上典子　尾川直子
写真提供　藤井伸二　ネイチャー・プロダクション　髙野丈
原稿協力　石崎美和子　大地佳子　川上典子　栗栖美樹　佐藤俊江
編集協力　三谷英生　髙野丈（ネイチャー・プロ編集室）　石崎美和子
編集担当　梅津愛美（ナツメ出版企画株式会社）

特長2

五感で楽しむ

五感を使って観察することで、より楽しむことができます。ルーペで拡大して見たり、鏡を使って違った角度から見たり、葉の手触りを確かめたり、花や葉の香りをかいだり、実を食べてみたり、ときには音を聴いたり……多くのページで五感を使った観察の楽しみ方を提案しています。五感を研ぎ澄ましましょう。

見てみよう
しっかりと見ることで、発見があります。

触ってみよう
意外な感触に出会うかも。

かいでみよう
心地よい香りも、強いにおいも楽しみましょう。

聴いてみよう
いろいろな音に耳を澄ましてみましょう。

食べてみよう
蜜や実を味わってみましょう。

目次 CONTENTS

本書の使い方 …… 4～5
花と葉のつくり …… 6～9
花色インデックス …… 10～21
果実のインデックス …… 22～23
解説本文
□ 白色の花 …… 24～123
■ 黄色の花 …… 124～200
■ 橙色の花 …… 201～209
■ 赤色の花 …… 210～213
■ 紫色の花 …… 214～317
■ 青色の花 …… 318～327
■■ 緑と茶色の花 …… 328～378
用語解説 …… 389～393
さくいん …… 394～399
Column「野草を五感で観察する楽しみ」…… 379～381
もっと深く知るための観察入門 …… 382～385
Column「逃げ出した植物たち」…… 386～388

本書の使い方

本書は街や公園など身近な環境や、河原や野山などでよく見かける野草 543 種（写真掲載種 464 種）を選び、花色と花期で種類を検索できるように編集し、美しい写真とわかりやすい解説文で紹介した野草図鑑です。※掲載種は、主に関東地方に分布する種類を中心に構成しました。

ヤマブキソウ
【山吹草】
学名 Hylomecon japonica
別名 クサヤマブキ
科名 ケシ科
属名 ヤマブキソウ属
花期 4～6月
分布 本州、四国、九州
1
2
3
4
5
6
7
8
9
10
11
12
ヤマブキに似たあざやかな黄色い花をつける。
山野を明るくしてくれる花
山吹色の語源になったのはバラ科のヤマブキの花だが、このヤマブキの花に色や形が似ていることが名前の由来だ。ヤマブキの花は5弁だが、ヤマブキソウは4弁で大きく、山野の林の中で群生する。学名の Hylomecon は ギリシャ語で「森のケシ」を意味するが、鮮やかな黄色い花が林全体を明るくして印象的だ。花は 4 ～ 5 cm で、30 ～ 40 cm の草丈になる。茎や葉を切ると黄色い乳液が出る。全草にアルカロイドを含み、中国ではクサノオウ同様に薬用にしている。
見てみよう
花は同じでも葉が違う
ヤマブキソウの仲間の葉は普通だ円形だが、まれに深く切れ込むものがあり、セリバヤマブキソウと呼ばれる。
150

名前

野草の名前には、よく使われている標準和名を使用しています。和名の下に、漢字名も記しています。

データ

学名、科名、属名などの分類や、別名、花の咲く時期、分布地などのデータを記しています。
※分類については最新の APG III 分類体系に準拠しています。

コラム

見る、聴く、味わう、かぐ、触る、五感を使った観察ポイントを満載しています。解説文を読んだ後は、五感で楽しみながら観察して下さい。メインで紹介している野草に関連する、別の種類の野草を紹介することもあります。

見出し

その野草の特徴や個性を、一言で表現しています。

トップ写真

特徴や花のつくりがよくわかるアップの写真を使用しています。

花色

この部分で花色を検索します。本書は花の色をおおまかに8色に分け、野草の種類を調べやすいように編集しています。白→黄→橙→赤→紫→青→緑と茶の順に並べています。それぞれの花色では、花期が早い順に野草を並べ、調べやすくしてあります。

花期

花期（花が咲いている時期）に花色をのせて示しました。最もよく咲いている時期は濃い色で、わずかに咲いている時期は薄い色で示しています。

※花色が白の場合は、灰色で示しています。

メイン写真

全体の姿がよくわかる写真を掲載し、実際に野外で観察しているときの印象をできる限り表現しています。

クサノオウ

【犬黄】

学名	*Chelidonium majus* ssp. *asiaticum*
別名	—
科名	ケシ科
属名	クサノオウ属
花期	4～7月
分布	北海道、本州、四国、九州

日当りのよい低地に咲く役に立つ野草

この草を見ると春のイメージのようにふんわりとした感じがする。茎やつぼみに縮れた毛が多くついていて白っぽく見えるからだ。クサノオウという聞きなれない名前の由来は、はっきりしないが茎や葉を切ると出てくる黄色い乳液（有毒）から「草の黄」、また皮膚病の薬や鎮痛剤、消炎剤に使うため「瘡の王」との説もある。2cmほどの鮮やかな黄色い花が数個まとまって咲き、草丈30～80cmになる。種子には脂肪やたんぱく質に富む物質がついていてアリが好む。

1 2 3 4 5 6 7 8 9 10 11 12

黄色い花が数個のまとまりで咲いている。

触ってみよう

毛深いクサノオウ

茎を切ると、黄色い乳液を出す。これに触るとかぶれることもあるので、触らないようにしよう。毛深い茎を触る程度にしておこう。

151

解説文

花や全体のつくりや大きさ、生態などの特徴、名前の由来などを、大きな文字で読みやすく解説しています。

花のつくり、葉のつくり

基本的な花のつくり

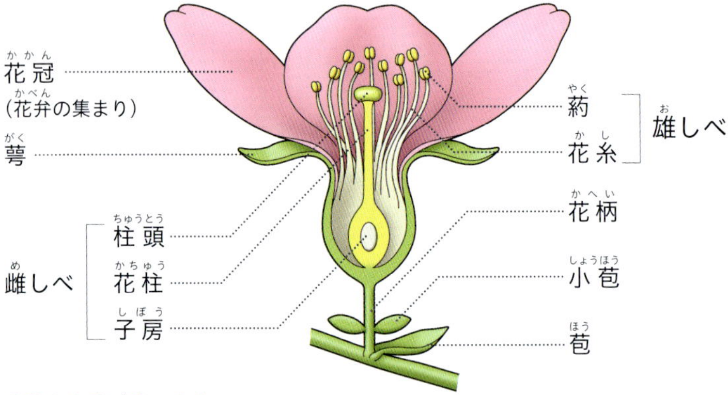

双子葉合弁花《そうしようごうべんか》

花弁《かべん》の基部《きぶ》、または全体が隣の花弁《かべん》とくっついている。

キク科の頭花《とうか》のつくり

ヒメジョオン (p41)

筒状花《とうじょうか》を**舌状花**《ぜつじょうか》が取り囲む

セイヨウタンポポ (p132)

舌状花《ぜつじょうか》のみ

ノハラアザミ (p257)

筒状花《とうじょうか》のみ

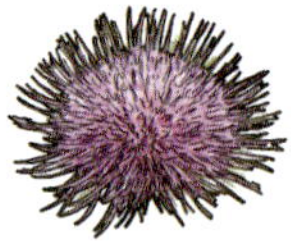

小花のつくり

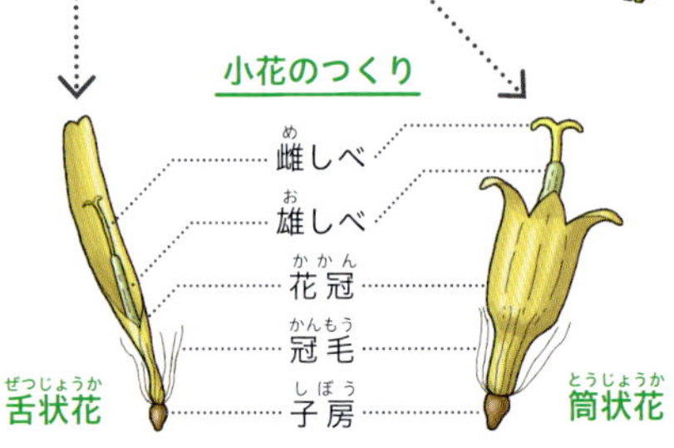

総苞と総苞片

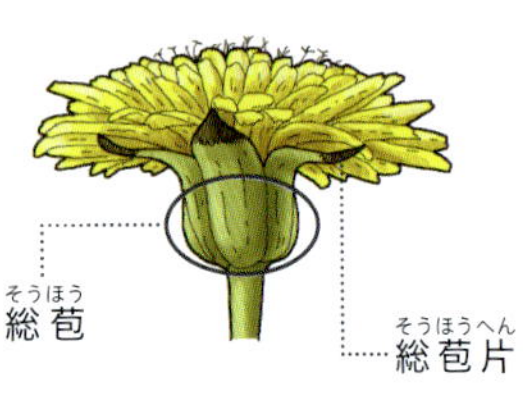

双子葉離弁花《そうしようりべんか》

花弁は1枚1枚離れている。花弁は4～5枚のものが多い。

ヘビイチゴ(p156)

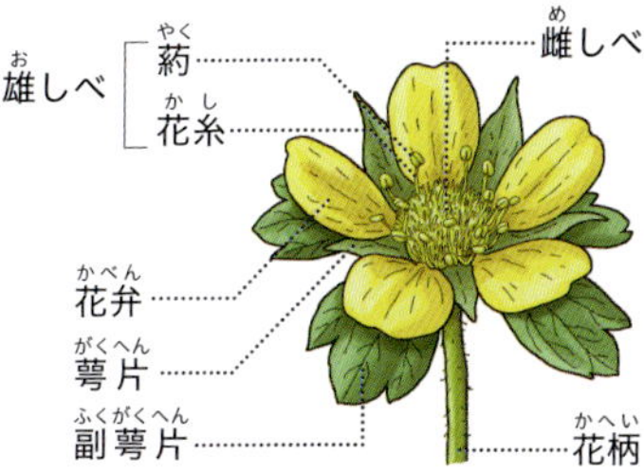

単子葉《たんしよう》

外花被《がいかひ》（萼《がく》）と内花被《ないかひ》（花弁《かべん》）とも3枚のつくりが多い。

オニユリ

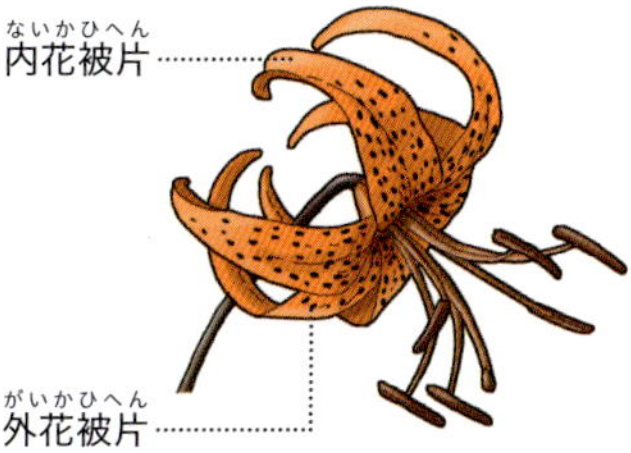

いろいろな花の形

ナデシコ形

カワラナデシコ
(p306)

アブラナ形

ナズナ
(p33)

蝶形《ちょうけい》

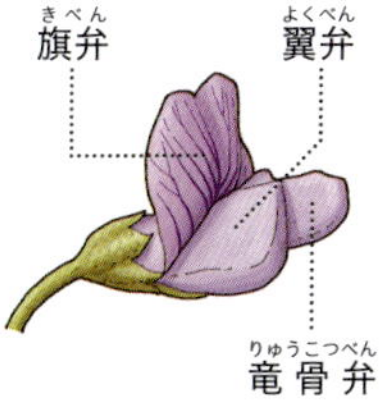

カスマグサ
(p227)

ホウセンカ形

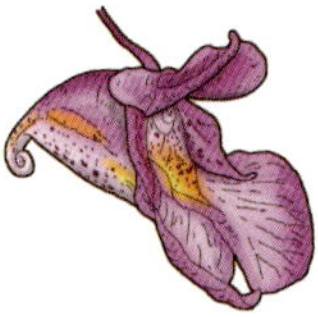

ツリフネソウ
(p311)

つりがね形

ホタルブクロ
(p276)

ろうと形

ヒルガオ
(p262)

管形《かんけい》

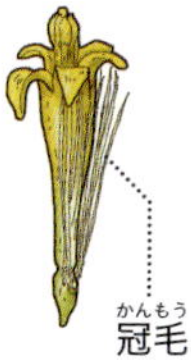

ツワブキ
(p200)

高つき形

サクラソウ
(p239)

唇形《しんけい》

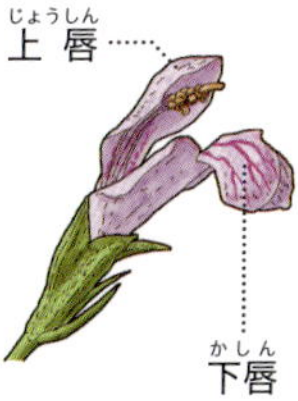

メハジキ

葉のつくり

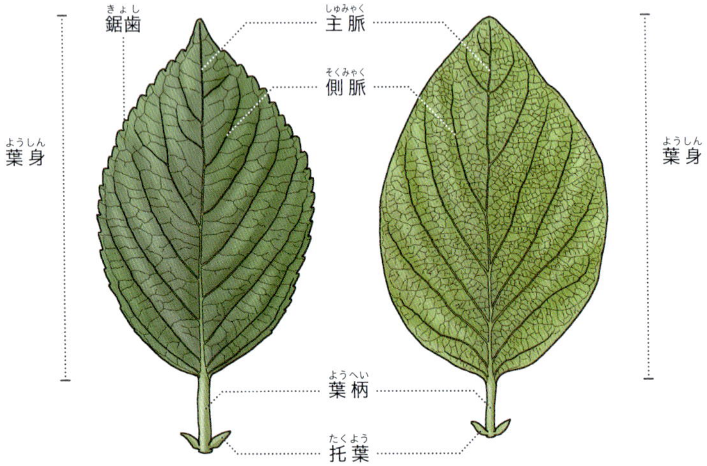

葉の形

だ円形

カキノキ

卵形《らんけい》

クスノキ

へら形

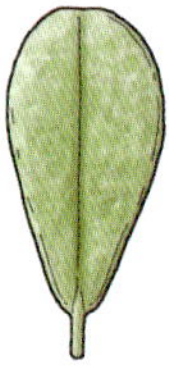

スベリヒユ（p185）

腎形《じんけい》

ユキノシタ（p70）

心形《しんけい》

ドクダミ（p74）

披針形《ひしんけい》

ウラジロガシ

倒披針形《とうひしんけい》

イチイガシ

線形

イヌマキ

葉の基《き》部《ぶ》の形

くさび形

イノコズチ
（p374）

切形《せつけい》

イタドリ
（p103）

耳形

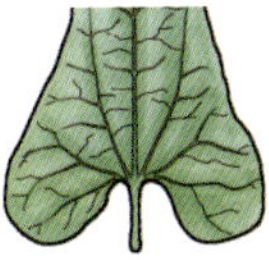

ウマノスズクサ
（p372）

矢じり形

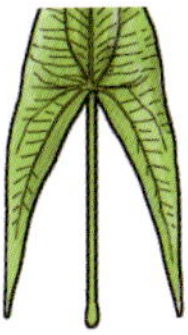

オモダカ
（p115）

葉のつき方

互生《ごせい》

葉が交互につく。

対生《たいせい》

葉が対になってつく。

輪生《りんせい》

葉が同じ節に数枚つく。

根生《こんせい》

地表近くの茎から生える。

複葉《ふくよう》

奇数羽状複葉《きすううじょうふくよう》

小葉の枚数が奇数の複葉。

偶数羽状複葉《ぐうすううじょうふくよう》

小葉の枚数が偶数の複葉。

2回羽状複葉《にかいうじょうふくよう》

羽状分裂が2回繰り返される複葉。

掌状複葉《しょうじょうふくよう》

小葉が掌《てのひら》のような形の複葉。

花色インデックス

本書では、野草を7系統の花色に分けて掲載しています。ここでは花の写真を掲載順に並べて、花の色と形で素早く検索できるようにしました。

白

 アズマイチゲ ▶ p24	 キクザキイチゲ ▶ p25	 イチリンソウ ▶ p26	 ニリンソウ ▶ p27	 セツブンソウ ▶ p28
 ヒメウズ ▶ p29	 ミヤマカタバミ ▶ p30	 アマナ ▶ p31	 ユリワサビ ▶ p32	 ナズナ ▶ p33
 オランダガラシ ▶ p34	 タネツケバナ ▶ p35	 マメグンバイナズナ ▶ p36	 フキ ▶ p37	 シロバナタンポポ ▶ p38
 センボンヤリ ▶ p39	 ハルジオン ▶ p40	 ヒメジョオン ▶ p41	 ペラペラヨメナ ▶ p42	 セントウソウ ▶ p43
 ヤブジラミ ▶ p44	 シャク ▶ p45	 ハナウド ▶ p46	 ハナニラ ▶ p47	 フッキソウ ▶ p48

オドリコソウ
▶ p49

ミドリハコベ
▶ p50

ウシハコベ
▶ p51

ノミノフスマ
▶ p52

オランダミミナグサ
▶ p53

シロバナマンテマ
▶ p54

オオアマナ
▶ p55

アマドコロ
▶ p56

ナルコユリ
▶ p57

チゴユリ
▶ p58

ホウチャクソウ
▶ p59

ヒトリシズカ
▶ p60

フタリシズカ
▶ p61

ツルカノコソウ
▶ p62

シャガ
▶ p63

ツボスミレ
▶ p64

マルバスミレ
▶ p65

ギンラン
▶ p66

ササバギンラン
▶ p67

オオバコ
▶ p68

ヘラオオバコ
▶ p69

チガヤ
▶ p69

ユキノシタ
▶ p70

シロツメクサ
▶ p71

ツルソバ
▶ p72

オカトラノオ
▶ p73

ドクダミ
▶ p74

ハンゲショウ
▶ p75

ギンリョウソウ
▶ p76

ヨウシュヤマゴボウ
▶ p77

オオアレチノギク
▶ p78

ヒメムカシヨモギ
▶ p79

ハキダメギク
▶ p80

ヤブレガサ
▶ p81

シラヤマギク
▶ p82

ノブキ
▶ p83

ワルナスビ
▶ p84

ヒヨドリジョウゴ
▶ p85

ジャノヒゲ
▶ p86

タケニグサ
▶ p87

セリ
▶ p88

ウマノミツバ
▶ p89

シシウド
▶ p90

ノハカタカラクサ
▶ p91

ハエドクソウ
▶ p92

ヤマノイモ
▶ p93

ヤマユリ
▶ p94

タカサゴユリ
▶ p95

ウバユリ
▶ p96

ヤマジノホトトギス
▶ p97

カワラマツバ
▶ p98

ヘクソカズラ
▶ p99

キカラスウリ
▶ p100

カラスウリ
▶ p101

アレチウリ
▶ p102

イタドリ
▶ p103

ゲンノショウコ
▶ p104

センニンソウ
▶ p106

ボタンヅル
▶ p107

ミズタマソウ
▶ p108

サラシナショウマ
▶ p109

ススキ
▶ p110

オギ
▶ p111

ヤブミョウガ
▶ p112

チヂミザサ
▶ p113

オトコエシ
▶ p114

オモダカ
▶ p115

メドハギ
▶ p116

マツカゼソウ
▶ p117

センブリ
▶ p118

コウヤボウキ
▶ p119

ハマギク
▶ p120

シモバシラ
▶ p122

スイセン
▶ p123

黄

フクジュソウ
▷ p124

セイヨウアブラナ
▷ p125

カラシナ
▷ p126

イヌナズナ
▷ p127

イヌガラシ
▷ p128

スカシタゴボウ
▷ p129

コオニタビラコ
▷ p130

オニタビラコ
▷ p131

セイヨウタンポポ
▷ p132

カントウタンポポ
▷ p133

カンサイタンポポ
▷ p134

エゾタンポポ
▷ p135

トウカイタンポポ
▷ p135

ニガナ
▷ p136

オオジシバリ
▷ p137

ジシバリ
▷ p137

サワオグルマ ▷p138

ハハコグサ ▷p139

ノゲシ ▷p140

オニノゲシ ▷p141

コウゾリナ ▷p142

コメツブツメクサ ▷p143

ミヤコグサ ▷p144

コナスビ ▷p145

ウマノアシガタ ▷p146

タガラシ ▷p147

キツネノボタン ▷p148

ケキツネノボタン ▷p149

ヤマブキソウ ▷p150

クサノオウ ▷p151

ネコノメソウ ▷p152

ミヤマキケマン ▷p153

キジムシロ ▷p154

ミツバツチグリ ▷p155

ヘビイチゴ ▷p156

オヘビイチゴ ▷p157

ノウルシ ▷p158

トウダイグサ ▷p159

キンラン ▷p160

キショウブ ▷p161

カタバミ ▷p162

オッタチカタバミ ▷p163

コマツヨイグサ ▷p164

メマツヨイグサ ▷p165

オオキンケイギク ▷p166

ツルマンネングサ ▷p167

サワギク ▷ p168

オオブタクサ ▷ p169

ブタナ ▷ p170

ヤクシソウ ▷ p171

アキノノゲシ ▷ p172

アキノキリンソウ ▷ p173

キンミズヒキ ▷ p174

ヒメキンミズヒキ ▷ p175

ダイコンソウ ▷ p176

キツリフネ ▷ p177

オトギリソウ ▷ p178

コケオトギリ ▷ p179

タンキリマメ ▷ p180

トキリマメ ▷ p181

ノササゲ ▷ p182

ヤブツルアズキ ▷ p183

キバナカワラマツバ ▷ p184

スベリヒユ ▷ p185

コミカンソウ ▷ p186

カラスノゴマ ▷ p187

ビロードモウズイカ ▷ p188

オミナエシ ▷ p189

コセンダングサ ▷ p190

アメリカセンダングサ ▷ p191

コメナモミ ▷ p192

メナモミ ▷ p193

キクイモ ▷ p194

ダンドボロギク ▷ p195

セイタカアワダチソウ ▷ p196

ノボロギク ▷ p197

イソギク
▷ p198

ツワブキ
▷ p200

ナガミヒナゲシ
▶ p201

ノカンゾウ
▶ p202

ヤブカンゾウ
▶ p203

コオニユリ
▶ p204

フシグロセンノウ
▶ p205

ヒオウギ
▶ p206

キツネノカミソリ
▶ p207

ヤブガラシ
▶ p208

ベニバナボロギク
▶ p209

ミズヒキ
▶ p210

マルバルコウ
▶ p211

ワレモコウ
▶ p212

ヒガンバナ
▶ p213

ショカッサイ
▶ p214

ツルニチニチソウ
▶ p215

セリバヒエンソウ
▶ p216

キランソウ
▶ p217

ジュウニヒトエ
▶ p218

カキドオシ
▶ p219

ホトケノザ
▶ p220

ヒメオドリコソウ
▶ p221

ラショウモンカズラ
▶ p222

コバノタツナミ
▶ p223

ノビル
▶ p224

トウバナ
▶ p225

カラスノエンドウ
▶ p226

カスマグサ
▶ p227

スズメノエンドウ
▶ p228

ゲンゲ
▶ p229

ムラサキツメクサ
▶ p230

イカリソウ
▶ p231

タチツボスミレ
▶ p232

スミレ
▶ p233

ヒメスミレ
▶ p234

コスミレ
▶ p235

エイザンスミレ
▶ p236

ヒナスミレ
▶ p237

ナガバノスミレサイシン
▶ p238

サクラソウ
▶ p239

ジロボウエンゴサク
▶ p240

ヤマエンゴサク
▶ p241

ムラサキケマン
▶ p242

ショウジョウバカマ
▶ p243

カタクリ
▶ p244

シラン
▶ p245

ネジバナ
▶ p246

サイハイラン
▶ p247

サギゴケ
▶ p248

トキワハゼ
▶ p249

カキツバタ
▶ p250

アヤメ
▶ p251

ニワゼキショウ
▶ p252

ムシトリナデシコ
▶ p253

ムラサキカタバミ
▶ p254

イモカタバミ
▶ p255

ノアザミ
▶ p256

ノハラアザミ
▶ p257

アメリカオニアザミ
▶ p258

キツネアザミ ▶ p259

アメリカフウロ ▶ p260

ガガイモ ▶ p261

ヒルガオ ▶ p262

コヒルガオ ▶ p263

ユウゲショウ ▶ p264

チダケサシ ▶ p265

ツタバウンラン ▶ p266

ヒメツルソバ ▶ p267

ママコノシリヌグイ ▶ p268

アキノウナギツカミ ▶ p269

キキョウソウ ▶ p270

ゼニアオイ ▶ p271

イワタバコ ▶ p272

ムラサキニガナ ▶ p273

カントウヨメナ ▶ p274

ノコンギク ▶ p275

ホタルブクロ ▶ p276

ミゾカクシ ▶ p277

ツリガネニンジン ▶ p278

オオバギボウシ ▶ p279

キチジョウソウ ▶ p280

ヤブラン ▶ p281

ツルボ ▶ p282

ウツボグサ ▶ p283

イヌゴマ ▶ p284

メドウセージ ▶ p285

アキノタムラソウ ▶ p286

クルマバナ ▶ p287

ハッカ ▶ p288

ミソハギ
▶ p289

イヌタデ
▶ p290

オオイヌタデ
▶ p291

ミゾソバ
▶ p292

オオケタデ
▶ p293

ハナタデ
▶ p294

ボントクタデ
▶ p295

アメリカイヌホオズキ
▶ p296

アカバナ
▶ p297

ヌスビトハギ
▶ p298

アレチヌスビトハギ
▶ p299

ツルマメ
▶ p300

ヤブマメ
▶ p301

コマツナギ
▶ p302

クズ
▶ p303

ナンバンギセル
▶ p304

オシロイバナ
▶ p305

カワラナデシコ
▶ p306

ナツズイセン
▶ p307

ホトトギス
▶ p308

ヤマトリカブト
▶ p309

キツネノマゴ
▶ p310

ツリフネソウ
▶ p311

ヤマハッカ
▶ p312

ナギナタコウジュ
▶ p313

ハグロソウ
▶ p314

シュウメイギク
▶ p315

ノダケ
▶ p316

イヌノフグリ
▶ p317

オオイヌノフグリ
▶ p318

タチイヌノフグリ
▶ p319

キュウリグサ
▶ p320

ハナイバナ
▶ p321

ヤマルリソウ
▶ p322

フデリンドウ
▶ p323

ツユクサ
▶ p324

キキョウ
▶ p325

ツルリンドウ
▶ p326

リンドウ
▶ p327

シュンラン
▶ p328

エビネ
▶ p329

フタバアオイ
▶ p330

スズメノカタビラ
▶ p331

スズメノテッポウ
▶ p332

カラスムギ
▶ p333

コバンソウ
▶ p334

スズメノヤリ
▶ p335

イグサ
▶ p336

ハシリドコロ
▶ p337

カテンソウ
▶ p338

ナツトウダイ
▶ p339

マムシグサ
▶ p340

ミミガタテンナンショウ
▶ p341

ムサシアブミ
▶ p342

ウラシマソウ
▶ p343

カラスビシャク
▶ p344

コチャルメルソウ
▶ p345

ウラジロチチコグサ
▶ p346

チチコグサ
▶ p347

チチコグサモドキ
▶ p348

イヌムギ ▶ p349

メヒシバ ▶ p350

オヒシバ ▶ p351

イヌビエ ▶ p352

ヨシ ▶ p353

アキノエノコログサ ▶ p354

エノコログサ ▶ p355

チカラシバ ▶ p356

ジュズダマ ▶ p357

オニノヤガラ ▶ p358

ガマ ▶ p359

ギシギシ ▶ p360

スイバ ▶ p361

イシミカワ ▶ p362

コニシキソウ ▶ p363

チドメグサ ▶ p364

ヤエムグラ ▶ p365

アカネ ▶ p366

シオデ ▶ p367

ノブドウ ▶ p368

オニドコロ ▶ p369

カラムシ ▶ p370

ヤブマオ ▶ p371

ウマノスズクサ ▶ p372

ヨモギ ▶ p373

イノコズチ ▶ p374

アマチャヅル ▶ p375

オオオナモミ ▶ p376

カナムグラ ▶ p377

カヤツリグサ ▶ p378

フィールドでよく見かける

果実のインデックス

フィールドでは、花だけではなく、果実が目につくこともよくあります。ここでは、代表的な目立つ果実を集めて、インデックスにしました。

ヘクソカズラ ▶ p99

キカラスウリ ▶ p100

カラスウリ ▶ p101

マムシグサ ▶ p340

ヒヨドリジョウゴ ▶ p85

ヘビイチゴ ▶ p156

キチジョウソウ ▶ p280

ツルリンドウ ▶ p326

ノブドウ ▶ p368

タンキリマメ ▶ p180

トキリマメ ▶ p181

ヨウシュヤマゴボウ ▶ p77

ナルコユリ ▶ p57

ヒオウギ ▶ p206

ヤブラン ▶ p281

ホウチャクソウ ▶ p59

ジャノヒゲ ▶ p86

ノササゲ ▶ p182

イシミカワ ▶ p362

ヤマノイモ ▶ p93

センニンソウ ▶ p106

アズマイチゲ

【東一華、東一花】

学名	*Anemone raddeana*
別名	
科名	キンポウゲ科
属名	イチリンソウ属
花期	3～5月
分布	北海道、本州、四国、九州

木々の緑が芽吹く前の林中で、美しい花を咲かせる。

明るい落葉樹林の林床に生える

早春にこの可憐な白い花が咲くと、春がきたことを実感する。頭上の木々が芽吹くころには地上部が枯れてしまうスプリング・エフェメラル（春植物）。近畿地方以西に分布するユキワリイチゲに対し、「あずまの国に産するイチゲ」というのが名前の由来だが、近畿地方以西にも分布している。花の直径は3～4cmで、夕方になると閉じる。また、晴れても気温が上がらないと閉じたままだ。草丈5～20cm。花茎《かけい》につく葉は3つに分かれ、それぞれの葉のふちの切れ込みは浅い。

見てみよう

花の中心部をチェック

アズマイチゲはキクザキイチゲ（右頁）とよく似ている。アズマイチゲは花の中心部が紫黒色を帯びるが、キクザキイチゲは花の中心部まで白い。

キクザキイチゲ

【菊咲一華】

学名	*Anemone pseudoaltaica*
別名	キクザキイチリンソウ
科名	キンポウゲ科
属名	イチリンソウ属
花期	3～5月
分布	北海道、本州（近畿地方以北）

落葉広葉樹林の半日陰に生える

キクザキイチリンソウ（菊咲一輪草）とも呼ばれ、アズマイチゲ（左頁）によく似た可憐な花を早春の林の中で咲かせる。草丈10～30cm、花の直径3～4cmで、淡紫色と白色の花がある。スプリング・エフェメラル（春植物）の一つで、林の木々が芽吹くころには花が終わり、地上からすっかり姿を消してしまう。地中には地下茎が残っていて、翌年また葉や茎を伸ばし、花を咲かせる。アズマイチゲとは、茎につく葉のふちの切れ込みが深い点で見わけられる。

キクの花のように見えるのは花弁ではなく萼片。

見てみよう

早春の陽だまりに開く

キクザキイチゲの花は、アズマイチゲの花と同じように朝開いて夕方閉じる。ただし、天気が悪く、寒い日は日中でも開くことはない。

イチリンソウ

【一輪草】

学名	*Anemone nikoensis*
別名	イチゲソウ、ウラベニイチゲ
科名	キンポウゲ科
属名	イチリンソウ属
花期	3〜5月
分布	本州、四国、九州

山中や山麓の落葉樹の林床や草地に生える。

ニリンソウと同じような場所に生える

1本の茎に1輪だけ花が咲くので「一輪草」。花の直径は3〜4cm。白い花びらは花弁ではなく萼片《がくへん》が変化したもので、5〜7枚あり、だ円形。気温が低いと花は閉じるので、夜中や雨の日には開かない。草丈15〜25cm。茎には長い葉柄があり、細かく深く切れ込んだ葉が3枚輪生する。木々が葉を伸ばす前に開花し、初夏に結実すると地上部は枯れてしまい、地中部だけが残り休眠する。このような生活を送る植物を「スプリングエフェメラル（春植物）」と呼ぶ。

見てみよう

花裏も観察しよう

花の表側だけでなく、花の裏側もよく観察してみよう。イチリンソウの花（萼片）は、表は白いのに、裏は色がちがって淡い紅紫色のものがある。

ニリンソウ

【二輪草】

学名	*Anemone flaccida*
別名	ガショウソウ、フクベラ
科名	キンポウゲ科
属名	イチリンソウ属
花期	3～6月
分布	北海道、本州、四国、九州

上高地などでは大群落になる

1本の茎に2輪の花が咲くのが名前の由来だが、実際に咲くのは1～4輪である。花の直径は1.5～2.5cm。1つの株の複数の花の開花には時間差があり、同時に咲くことは少ない。白い花びら状のものは花弁ではなく萼片で、5枚のものが多いが7枚のものもあり、萼片《がくへん》が緑のものをミドリニリンソウと呼ぶ。花の裏側は薄紅紫色になることがある。根から生える葉には葉柄があるが、茎から生える葉には葉柄がない。葉の表面には白斑が入ることが多い。草丈15～25cm。

山麓の林床や草地に生え、地下茎でふえる。

注意しよう

食べないようにしよう

ニリンソウの新芽はアイヌ語起源のフクベラと呼ばれる山菜だが、猛毒のトリカブトの若葉を間違えて食べて食中毒に至る事故が絶えない。

セツブンソウ

【節分草】

学 名	*Eranthis pinnatifida*
別 名	
科 名	キンポウゲ科
属 名	セツブンソウ属
花 期	2～3月
分 布	本州（関東～中国地方）

1 2 3 4 5 6 7 8 9 10 11 12

萼片《がくへん》は5枚のものが多いが、7枚のものもある。

花は晴れた日中開き、夜など寒いと閉じる

西日本や中部地方などで節分のころに花が咲くのが名前の由来。多くは石灰岩地の落葉広葉樹林の林下に生え、ときに群生する。花の直径は約2cmで、白い花弁に見えるのは萼《がく》が変化したもの。本当の花弁は、紫色の雄しべの周りを取り巻く黄色い部分だ。早春に花が咲き、ほかの植物が芽生えるころには地上部が枯れてしまうスプリング・エフェメラル（春のはかないものの意味）と呼ばれる春植物の代表種。花が咲くまでに小さな葉のままで数年かかる。

見てみよう

黄色い花弁を探そう

花の内部をよく見てみよう。筒状で、先端が2～4に分かれている黄色い部分が花弁だ。花弁は蜜を分泌する蜜槽となっている。

ヒメウズ

【姫烏頭】

学名	*Semiaquilegia adoxoides*
別名	トンボグサ、チンチンバナ
科名	キンポウゲ科
属名	ヒメウズ属
花期	3～5月
分布	本州（関東地方以西）、四国、九州

人里に近いやぶや道端、石垣などに生え、春に地中の塊茎《かいけい》から茎を伸ばして花を咲かせる。草丈は20～30cm。ほんのり紫がかった高山に生えるオダマキ類に似た白い花は、直径5mm程で小さくかわいらしい。

1
2
3
4
5
6
7
8
9
10
11
12

スプリングエフェメラルとは

スプリングエフェメラルとは、温帯落葉樹林の林床で、早春から春までの短い期間に葉を広げ、花を咲かせて実をつけ、夏から冬までは地上部は枯れて地下部だけが来年に備えて休眠する植物のこと。エフェメラルは「はかないもの」の意味なので直訳すると「春のはかないもの」という意味になる。春植物と訳されることもある。ユリ科、ケシ科、キンポウゲ科など色々な科の植物が含まれる。

エゾエンゴサク

ケシ科　花の後部は袋状に伸びる。花色は青色から紅紫色まで変化が大きい。葉は細かく切れ込む。本州中部以北、北海道に生える。

ヒロハアマナ

ユリ科　アマナに似るが、葉が広めで0.7～1.5cmもあり、中央部に縦に白線が伸びる。苞《ほう》はアマナが2個でヒロハアマナが3個。

キバナノアマナ

ユリ科　花茎《かけい》の先に、直径2～3cmの黄色い花を多数つける。花茎は20cmほど。葉は長細く、全体に粉緑色。明るい林内に生える。

コシノコバイモ

ユリ科　花は下を向いて咲き、内側に細かい模様がある。草丈10cmほど。北陸地方中心に分布。近縁種《きんえんしゅ》にカイコバイモなどがある。

ミヤマカタバミ

【深山傍食】

学名	*Oxalis griffithii*
別名	
科名	カタバミ科
属名	カタバミ属
花期	3～5月
分布	本州（東北地方南部～中国地方）、四国

1 2 3 4 5 6 7 8 9 10 11 12

半開きにしとやかに咲く、上品な白い花が美しい。

白花がほとんど 薄紅色の花もある

深山に生えるカタバミの意味だが、主に低山帯の林の中に生える。地下の根茎《こんけい》が太く発達する。葉は3枚のハート形の小葉からなり、小葉の中央が折ったように少しへこむ。葉の裏や茎などには軟毛が密生する。花は3～4cmで、白い5枚の花弁が緑色の葉の上に映えるが、下向きかげんに咲いていることが多い。白い花弁には薄紫のすじが入るものもある。開放花が終わると閉鎖花によって果実をつくる。よく似るが、葉裏に毛の少ないのは近縁のカントウミヤマカタバミである。

コミヤマカタバミ

葉の丸みが強い

葉がハート形で、花の奥まで白いミヤマカタバミに対し、コミヤマカタバミの葉も同じハート形だが丸みが強く、花の基部に黄斑がある。

アマナ

【甘菜】

学名	*Amana edulis*
別名	ムギグワイ
科名	ユリ科
属名	アマナ属
花期	3～4月
分布	本州（東北地方南部以西）、四国、九州

球根が食用になり、甘いのが名前の由来。日当たりのよい草地や田のあぜ、明るい林内に生え、チューリップのような形の小さな花が咲く。花は早春の林で、木々が葉をつける前に咲き、葉が茂るころには姿を消す春植物。

ミヤマカタバミとその仲間

カントウミヤマカタバミ。葉裏に毛が少ない。関東～中部。

ベニバナミヤマカタバミ。淡紅紫色を帯びるタイプ。

ベニバナミヤマカタバミは日本海側にまれに分布する。

コミヤマカタバミは葉の角は丸く、花弁の長さ14mm。

コミヤマカタバミには黄色い斑点模様がある。

ヒョウノセンカタバミ、葉が大きく花は淡紅紫～白色。

ユリワサビ

【百合山葵】

学名	*Eutrema tenue*
別名	
科名	アブラナ科
属名	ワサビ属
花期	2～5月
分布	北海道、本州、四国、九州

1 2 3 4 5 6 7 8 9 10 11 12

早春、まだ緑がほとんどないころに咲く。

ワサビよりも はるかに小さい葉

葉をもむとワサビのような香りを放ち、冬になると百合根に少し似た小さな球根をつくるのが名前の由来。早春の低山の谷沿いで、白く清楚な花弁が4枚つく十字型の花を咲かせる。花の直径は1cm弱。茎は地をはい、途中から斜めに立ち上がる。茎につく葉は小さく、茎の根元から出る葉は直径2～5cmで長い葉柄がある。野生のワサビは、葉の直径が6～12cmと大きい。本州から九州の日本海側には、葉の直径が4～8cmのオオユリワサビがある。

かいで食べてみよう

ツーンとはこない

葉っぱを少しだけかじってみよう。わずかにピリリとしたワサビのような刺激がある。さらに、触っただけでもよい香りがするので試してみよう。

ナズナ

【薺】

学名	*Capsella bursa-pastoris*
別名	ペンペングサ
科名	アブラナ科
属名	ナズナ属
花期	3～6月
分布	日本全土

1
2
3
4
5
6
7
8
9
10
11
12

おなじみの野草は春の七草の一つ

公園や人里近くの草地、河原などに生えるなじみのある野草。名前は、愛でる菜という意味の「撫菜」が由来など諸説ある。三角形の果実が三味線のバチの形に似ることから、三味線の音色に例えたペンペングサの別名もある。草丈10～40cmで、直径3mmほどの小さくて白い花がたくさんつく。花弁は4枚が十字形に並び、小さくてもアブラナ科の特徴がしっかりと表れている。根生葉《こんせいよう》は深く切れ込み、花茎《かけい》につく小さな葉は切れ込みがあまりないのも特徴。

果実は熟すと真ん中から割れて小さな種子がこぼれる。

食べてみよう

春の七草を代表する

ナズナは春の七草の一つで、室町時代に七草粥に入れるようになった。昔から食用や薬用に使われ、野菜がない冬の間は貴重な食べ物となった。

オランダガラシ

【和蘭芥子】

学名	*Nasturtium officinale*
別名	クレソン、ウオータークレス
科名	アブラナ科
属名	オランダガラシ属
花期	4～8月
分布	ヨーロッパ、中央アジア原産 日本全土に帰化

多摩川の河原に群生するオランダガラシ。

十字形の花が咲き群生するとすばらしい

本種はクレソンの別名のほうが有名で、肉料理のつけあわせやサラダなどで食用にされる。栽培しているものが野生化して全国に広がり、川や池などの水辺に群生する。冬も緑のままで、春になると一斉に白い花を咲かせる。花の直径は約6mm。白い花弁は4枚。たくさんの花が集合し、花序となる。花は花序の下部から咲いていき、弓なりに反った長角果《ちょうかくか》をつける。早春の草丈は30cm程度だが、花期の終盤にかけて次第に盛り上がって50cm程度になることもある。

食べてみよう

スーパーでも売っている

清流に生えているオランダガラシの葉は、洗えばそのままでも食べられる。開花前の柔らかい若葉が生食に最適。ぴりっとした辛味がおいしい。

タネツケバナ

【種漬花、種付花】

学名	*Cardamine scutata*
別名	
科名	アブラナ科
属名	タネツケバナ属
花期	4～6月
分布	日本全土

ナズナに似るが果実の形が違う

農耕の目安となった植物。稲の苗を植えるときに、まず種子を水に漬けて発芽させ田植えの準備をするが、この時期の田で花が咲くのが名前の由来。田や水辺などに群生し、草丈15～30cm。花は直径3～4mmの白い4弁花で小さい花序をつくる。果実は棒状で上を向くが、咲いている花より大きく上に伸びることはない。葉は3～17枚の小葉からなる特徴的な形で、冬越しの葉と開花時とでは形が異なる。生育地の水分や光条件で個体変異が大きい。若葉は食用となる。

春の水田や湿地で小さな白い花を一面に咲かせる。

ミチタネツケバナ

果実が高く伸びる

最近、帰化植物のミチタネツケバナが増えている。花の直径は2～3mmで、咲いている花よりも果実が高く伸び、花期に根生《こんせい》葉《よう》が残るのが特徴。

マメグンバイナズナ

【豆軍配薺】

学名	*Lepidium virginicum*
別名	セイヨウグンバイナズナ、コウベナズナ
科名	アブラナ科
属名	マメグンバイナズナ属
花期	5～6月
分布	北アメリカ原産 日本全土に帰化

1
2
3
4
5
6
7
8
9
10
11
12

ナズナとちがい、よく分枝するのも特徴の一つ。

荒れ地に増えた帰化植物

本種は、同じアブラナ科の帰化植物であるグンバイナズナに比べて小さいことから「豆」とされたのが名前の由来。アブラナ科の植物は果実の形で見わけられる。グンバイナズナは、果実の形が昔の武将や相撲の行司が使う軍配に似ていることから名づけられたが、本種の果実は扁平な円盤形をしており、軍配形ではない。花は直径3mmで、花弁は4枚。花序をつくって下から上へと次々に咲き、すぐに果実ができる。草丈は20～50cm。河原や道端に普通に生える。

見てみよう

実の形を見極める

本種の実は、つぶしたように扁平な円盤形をしている。大きさは直径3mmほど。先端が少しくぼみ、種子が左右に1つずつ入っている。

フキ

【蕗】

学名	*Petasites japonicus*
別名	ノブキ
科名	キク科
属名	フキ属
花期	3～5月
分布	本州、四国、九州、沖縄

早春の味覚は つぼみと花序

日本の野生植物の中で、食用として最も重要な植物の一つ。つぼみをフキノトウとして食べ、葉柄も食べる。葉の直径は15～30cm。雌雄異株。フキノトウの周りにあるのは苞葉《ほうよう》。黄色っぽいのが雄花、白っぽく見えるのが雌花。雌花は花後に花茎《かけい》が高く伸び、綿毛で果実が飛んでいく。本種は野山に自生する山菜で、通常栽培されるのは本種ではなく、東北以北に分布する大形のアキタブキの栽培品種。葉柄の長さ1m以上、葉の直径が50cmになる大形のフキだ。

フキノトウは早春の味覚、同じようだが雌雄異株。

食べてみよう

ほろ苦い早春の味

東北地方以北には、大形のアキタブキがある。これをフキと呼び販売している。東北ではフキノトウをバッケ(アイヌ語源)とも呼ぶ。

シロバナタンポポ

【白花蒲公英】

学名	*Taraxacum albidum*
別名	
科名	キク科
属名	タンポポ属
花期	3～5月
分布	本州（関東地方以西）、四国、九州

1 2 3 4 5 6 7 8 9 10 11 12

西日本に多く、白い花なので区別しやすい。

タンポポの花は黄色とは限らない

その名のとおり、白い花のタンポポで日本在来の植物。白花といっても完全に白いわけではなく、黄色い部分もある。西日本に多く、中国地方や四国、九州では本種やキビシロタンポポばかりで、タンポポの花は白が常識の地域もある。暖かいところでは12月ごろから咲き始める。葉はほかのタンポポに比べてやや立ち上がる。花茎《かけい》は30～40cmに伸び、茎の先に4cmほどの頭花を1個つける。総《そう》苞片《ほうへん》は淡緑色で先端には黒い小角突起がある。本種は単為生殖をする。

見てみよう

白花でも黄色もある

シロバナタンポポは白花ではあるが、頭花は完全に白色ではなく、雌しべと雄しべが黄色である。名前に惑わされず、しっかり観察しよう。

センボンヤリ

【千本槍】

学名	*Leibnitzia anandria*
別名	ムラサキタンポポ
科名	キク科
属名	センボンヤリ属
花期	4～6月
分布	日本全土

1
2
3
4
5
6
7
8
9
10
11
12

槍を何本も立てたような花

春と秋に花が咲くが、花の姿が全く異なる。丘陵や日当たりのよいところに生え、春にはタンポポを小さくしたような花が咲く。舌状花《ぜつじょうか》の花弁の裏は紫色で、葉の裏面に白い毛が密生する。秋には30～60cmの花柄を伸ばし閉鎖花からなる頭花を1個つける。筒《とう》状花《じょうか》だけの集まりで開かず、成熟すると淡褐色の綿毛が開いて球形となる。名前の由来は、伸びた姿が槍を何本も立てたようだから、または開いた綿毛が大名行列の毛槍に見えるからなどの説がある。

春は可憐な花、秋は閉鎖花に変身する。

触ってみよう

花が開かず実る

秋の閉鎖花は、種子をたくさんつけ高く伸びて綿毛を開く。触るとちょっと堅めのふかふかした毛。さらに乾くと飛んでいく。

ハルジオン

【春紫苑】

学名	*Erigeron philadelphicus*
別名	ハルジョオン、ハルシオン、ベニバナヒメジョオン
科名	キク科
属名	ムカシヨモギ属
花期	5～7月
分布	北アメリカ原産 北海道、本州、四国、九州に帰化

全国に広がり、代表的な春の花となった帰化植物。

おなじみの春の花は茎が中空

淡紅～白色の花が咲く、都会や里山ではおなじみの帰化植物。大正時代に園芸植物として渡来し、「春に咲く紫苑」の意味で植物学者の牧野富太郎博士が命名した。地面に放射状に広がるロゼット葉で冬を越し、春に茎が伸びる。草丈は30～100cmになり、花の時期にも根《こん》生葉《せいよう》が残っている。頭花は直径2～2.5cmで、糸状の舌状花《ぜつじょうか》がたくさんつく。つぼみのときは首を垂れている。茎は全体に毛があり中空で、葉は基部で茎を抱く。ハルジョオンと呼ばれることも多い。

見てみよう

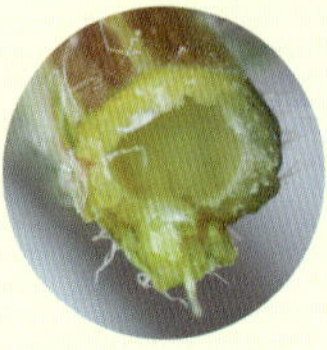

茎の中は空っぽ

ハルジオンの茎は中空で、ストローのようになっている。そのため、茎が柔らかい。ヒメジョオンと比べて、全体に太めでずんぐりとしている。

ヒメジョオン

【姫女苑】

学名	*Erigeron annuus*
別名	アメリカグサ、イヌヨメナ、サイゴウグサ、センソウグサ、ヤナギバヒメギク
科名	キク科
属名	ムカシヨモギ属
花期	6～10月
分布	北アメリカ原産。日本全土に帰化

草地や畑、道端に多い帰化植物

都会から山地や高原まで広がっている帰化植物で、明治初期に渡来した。よく似たハルジオンより遅れて、初夏に咲き始める。草丈は30～100cmで、細くしっかりとした茎の中は白い髄が詰まっている。ハルジオンと同じくロゼット葉で冬を越すが、花の時期には根生葉《こんせいよう》は枯れる。上部の葉は先がとがり、基部は茎を抱かない。直径2cm程の頭花は白色から薄紫色だが白色のものがほとんど。「女苑」という中国名をもつヒメシオンに似ていることが名前の由来。

平地から山地まで広がって長い期間咲く。

触ってみよう

茎の中は詰まっている

ヒメジョオンの茎の中には白い髄が詰まっているので、ハルジオンより細いが、しっかりとした感じがする。つぼみはあまり垂れない。

ペラペラヨメナ

【ペラペラ嫁菜】

学名	*Erigeron karvinskianus*
別名	ペラペラヒメジョオン、メキシコヒナギク
科名	キク科
属名	ムカシヨモギ属
花期	5～11月
分布	中央アメリカ原産 本州、四国、九州、沖縄に帰化

葉がペラペラで薄いが、花も優しい感じがする。

石垣などにも生える帰化植物

葉がぺらぺらして薄いこと、ヨメナに似ることから名づけられた。ペラペラヒメジョオンともいう。北アメリカ原産で、観賞用、緑化用に導入され、1949年に京都大学の構内で野生化したものが確認された。特に関東以西に野生化し、がけや岩の間などに多く生える。草丈20～40cmでよく枝分かれし、つるのように地面をはう匍匐枝《ほふくし》を伸ばし増えていく。頭花は直径1.5～2cmで花色は時間とともに白から紫に変化する。果実には冠毛《かんもう》があり風に乗って運ばれる。

見てみよう

移り変わる花色

咲き始めは花色が白いペラペラヨメナだが、咲いてしばらくすると花が赤みがかる。このため花色が2色に見える。

セントウソウ

【仙洞草】

学名	*Chamaele decumbens*
別名	オウレンダマシ
科名	セリ科
属名	セントウソウ属
花期	3～5月
分布	北海道、本州、四国、九州

早春に先頭をきって花が咲く

日本の固有種で全国に広く分布する。半日陰でも育ち、早春の林の木陰などで小さな花を咲かせる。キンポウゲ科のオウレンの葉に似ることから別名オウレンダマシという。和名の由来はわからない。草丈は10～25cm。葉は2～3回羽状複葉で柄は紫色を帯び、ほとんどが根生する。小葉は細かく、さまざまな形があり、繊細な感じがする。根元から伸びた花茎の先に小さな5弁の白い花を多数つける。雄しべが直立し、よく見るとかわいい花だ。

小さな5弁の白い花が咲き始めると春を感じる。

見てみよう

花以外で見わける

セリ科の植物の花はどれも似たり寄ったり。花を拡大して見ても違いはわからない。花の下部の苞や葉、果実の形で見わけるようにする。

ヤブジラミ

【藪虱】

学名	*Torilis japonica*
別名	
科名	セリ科
属名	ヤブジラミ属
花期	5～7月
分布	日本全土

1
2
3
4
5
6
7
8
9
10
11
12

道端や、やぶなどに、普通に見られる小さい花。

花序の内側にある花は小さい

やぶに生え、果実が服などにくっつくことやその形からシラミに例えられたのが名前の由来。草丈は30～70cmで、全体に毛がありザラザラする。葉は2～3回羽状複葉で小葉は細かく切れ込む。複散形花序《ふくさんけいかじょ》に多数の花をつける。白くて小さい花は5弁花で、花序の外側のものが大きい。セリ科の花は小さく細かいものが多い。果実は長さ2.5～3.5mmで、かぎ状に曲がった刺毛《しもう》が密生して、ほかのものにくっついて散布される。野原や道端に生える。

触ってみよう

無数のかぎ爪がある

ヤブジラミの長さ3mm程度の果実には、全体にかぎ爪があり、服にひっつく。よく似たオヤブジラミは、花やかぎ爪に赤みがある。

シャク

【杓】

学名	*Anthriscus sylvestris*
別名	コジャク
科名	セリ科
属名	シャク属
花期	4～6月
分布	北海道、本州、四国、九州

山地の湿ったところに生える。別名をコジャクというが、方言でオオハナウドのことをシャクと呼ぶ地方があり、これに似ていたのでコジャクとなったという説がある。茎は高さ0.7～1.4m。上部で枝分かれする。

ヤブジラミとオヤブジラミ

ヤブジラミの花の根元にかぎ爪が準備されている。

近縁種《きんえんしゅ》のオヤブジラミ。果実が赤く色づく。

オヤブジラミの花色は白が基本で赤みがかる。

オヤブジラミの果実は遠目にも赤い。

オヤブジラミの花期はヤブジラミと同時期。

オヤブジラミもヤブジラミも葉は細かく切れ込む。

ハナウド

【花独活】

学名	*Heracleum sphondylium* var. *nipponicum*
別名	ゾウジョウビャクシ、ヤブウド
科名	セリ科
属名	ハナウド属
花期	5～6月
分布	本州（関東地方以西）、四国、九州

花火のように広がる大形の花序で目立つ。

見てみよう

花に特徴がある

セリ科の植物は見わけるのが難しいが、ハナウドは簡単。花序の外縁の花が目立って大きく、葉は切れ込むが、細かく分かれない。

花は虫たちの大きなえさ場

山野の川岸や湿ったところに生える。本種はウコギ科のウドに茎や葉が似ていて、きれいな花が咲くことから名づけられた。草丈1～2mになり、茎は中空でまばらな毛がある。葉は大きな三出複葉で、茎葉《けいよう》の小葉は3～5枚。花火のように広がる花序の外側に近い花は内側の花よりも大きく、最も外側の花弁は大きくて先が伸びる。「独活《うど》」は中国ではハナウドの仲間を指し、根が発汗や鎮痛の薬となるために、生薬としてウドの根の代用になったという。

ハナニラ

【花韮】

学名	*Ipheion uniflorum*
別名	イフェイオン、セイヨウアマナ
科名	ヒガンバナ科
属名	ハナニラ属
花期	3～4月
分布	メキシコ～アルゼンチン原産 北海道、本州、四国、九州に帰化

ニラに似たにおいでも花は美しい

中南米原産の帰化植物。平たく細長い葉の形と、踏みつけたりしたときのにおいがニラに似ていて、花がニラと比べると大きく美しいことから花韮の名がついた。日本には明治時代に入ってきて、園芸植物として植えられていたものが野生化している。公園や道端などに生える。草丈は15～30cm。花茎《かけい》を何本か出し、それぞれ1個の花をつける。直径3cmほどの花は白色～淡紫色で、正面から見ると6枚の花被片《かひへん》が風車の羽のようにきれいに並んでいる。

日本各地で見られ、ときには大群落になる。

ニラ

野菜のニラも身近に

野菜として一般的なニラもよく見られる。古い時代の帰化植物なのか、自生植物なのかがはっきりしない。秋に白い花が咲く。

フッキソウ

【富貴草】

学 名	*Pachysandra terminalis*
別 名	キチジソウ
科 名	ツゲ科
属 名	フッキソウ属
花 期	3～5月
分 布	北海道、本州、四国、九州

常緑で地面をはい、木陰でもよく茂っている。

日陰でも生え
園芸植物としても

林の地面を覆って緑の葉が茂っている様子をよく見かけるが、植えられることもある。常に葉が緑なのが繁栄に通じ、縁起がよいと名づけられた。山の木陰に生える常緑の亜低木で雌雄同株。葉は輪状に互生して光沢があり、葉の上半分にはぎざぎざとした鋸歯がある。草丈は20～30cmで、茎の下部は地面をはう。茎の上部に雄花、その下に雌花をつけるが、花には花弁がなく、雄花は4個の雄しべが目立つ。秋には丸くて白い卵のような実が数個つく。

見てみよう

離れた雄しべと雌しべ

フッキソウの花は一見花茎の上部に雄しべ、下部に雌しべと分かれているようだが、雄花と雌花なので別々の位置にあるのは当然である。

オドリコソウ

【踊り子草】

学名	*Lamium album* var. *barbatum*
別名	オドリグサ、オドリバナ、コムソウバナ
科名	シソ科
属名	オドリコソウ属
花期	3～6月
分布	北海道、本州、四国、九州

関東では白花が多いが薄紅色も

美しい名前の植物は覚えてもらいやすい。本種は笠をかぶった踊り子が集まっているような姿から名づけられた。山野の半日陰に群生することが多い。草丈は30～50cmで、長さ3～4cmの可憐な花が茎の周りを取り囲んで咲く。茎は四角くシソ科の特徴がよくわかる。葉は先がとがり、葉脈がくぼんでしわ状になる。花色は白から少し紅色がかったものまである。名前が似た帰化植物のヒメオドリコソウ（p221）は本種よりも小形だが繁殖力が強い。

白色や淡紅色の花があり、踊り子の姿が愛らしい。

触ってみよう

茎にも植物の特徴

シソ科の植物の多くは茎が四角形。触ってみると茎が角張っているのがわかる。花も下から見たほうがおもしろい。

1
2
3
4
5
6
7
8
9
10
11
12

ミドリハコベ

【繁縷】

学名	*Stellaria neglecta*
別名	ハコベ
科名	ナデシコ科
属名	ハコベ属
花期	3～9月
分布	日本全土

春から秋まで長い期間見られ、元気のいい野草。

日本では昔から なじみのある野草

道端のいたるところで見られる。昔からなじみ深い野草の一つで、一般的にはハコベと呼ばれる。正月に春の七草として七草粥に入れられ、若菜の独特の風味がある。草丈は10～30cmで、よく枝分かれし葉は対生する。白い花弁は5枚だが、ウサギの耳のように深く2裂するので10枚のように見える。花の直径は6～7mm。雌しべの花柱は3個あり、ウシハコベ（右頁）は5個なので見わけることができる。花が終わると下を向くが、果実が熟すとまた上を向く。

食べてみよう

ハコベとコハコベ

春の七草の一つの「はこべら」で、七草粥に入れて食べる。ハコベは雄しべが4～10個で茎が緑。写真のコハコベは雄しべが1～7個で茎は暗紫色。

ウシハコベ

【牛繁縷】

学名	*Stellaria aquatica*
別名	
科名	ナデシコ科
属名	ハコベ属
花期	4～10月
分布	日本全土

ハコベより一回り大きい兄貴分

「牛」がつく名は大形の植物を意味する。本種もそれが名の由来である。ハコベよりも少し遅く咲き始め、ハコベの兄貴分のように全体が大きくしっかりしている。山野に生え、よく枝分かれして茎は横に伸びるが、立ち上がって草丈は20～50cmにもなる。茎の上部には柔らかい毛があり、大きな葉が茎を抱くようにつく。茎の節の部分では暗紫色を帯びることがある。花はハコベに似て年中咲いているところもある。花柱が5個あることでハコベと見わけられる。

ハコベと比べて一回り大きくたくましい。

見てみよう

葉も茎も見よう

ルーペなどで細かいところを観察しよう。ウシハコベは葉のつけ根が茎を抱き、茎が赤っぽくなることが多い。雌しべの花柱は5個。

ノミノフスマ

【蚤の衾】

学名	*Stellaria uliginosa* var. *undulata*
別名	ノミノスマ
科名	ナデシコ科
属名	ハコベ属
花期	4～10月
分布	日本全土

1 2 3 4 5 6 7 8 9 10 11 12

ハコベに似た花だが、茎や葉が繊細な感じがする。

「ノミ」と名づけられるほど小さい花

田畑や道端に生えるハコベに似た花。草丈は5～30cmで地面をはうように広がり、直径7mmほどの小さな白い花をつける。小さな葉が細い茎に向かい合ってつく様子を、ノミの衾《ふすま》(布団)に見立ててつけたのが名前の由来。葉には柄がなく対生し小さい。花弁は5枚で深く切れ込む。ハコベは萼片《がくへん》より花弁が短いが、ノミノフスマは花弁のほうが長く白い花がよく目につく。似た名前のノミノツヅリ(綴)も、葉を縫い合わせた粗末な着物に見立てたという。

ノミノツヅリ

小さい花なれど

花弁に切れ込みのないノミノツヅリと、深い切れ込みのあるノミノフスマ。どちらも小さく似ているが、花弁の切れ込みで見わける。

オランダミミナグサ

【和蘭耳菜草】

学名	*Cerastium glomeratum*
別名	アオミミナグサ
科名	ナデシコ科
属名	ミミナグサ属
花期	4～5月
分布	ヨーロッパ原産 日本全土に帰化

1 2 3 4 5 6 7 8 9 10 11 12

暖かくないと花が開かない

明治時代にヨーロッパから入ってきた帰化植物で、ミミナグサに似ているが、最近はこちらのほうが多く見られるようになった。ミミナグサ（耳菜草）は、葉をネズミの耳に例えた名前といわれる。オランダミミナグサは全体に軟毛と腺毛《せんもう》が多く生える。ミミナグサの茎が暗紫色を帯びるのに対して、開花期のオランダミミナグサは全体的に緑～黄緑色に見えるのが特徴。日当たりのよいところに生え、草丈10～45cmになる。花序は密生し、花茎は短い。

果期の茎は暗紫色になることが多い。

ミミナグサ

茎の色に注目

日本在来のミミナグサは、都市部ではすっかり姿を消してしまった。茎が暗紫色を帯び、花序は密生せず、花柄は5～15mm。

シロバナマンテマ

【白花マンテマ】

学名	*Silene gallica* var. *gallica*
別名	
科名	ナデシコ科
属名	マンテマ属
花期	3～5月
分布	中部および南ヨーロッパ原産 北海道、本州、四国、九州に帰化

江戸時代末期に栽培種として渡来し各地に広がる。

マンテマ

赤い花のマンテマ

シロバナマンテマの花色は白か薄いピンク色だが、マンテマは花弁に赤色の斑がある。関東周辺ではマンテマのほうがよく見られる。

白花だけでなく淡紅色の花もある

ヨーロッパより江戸時代に渡来したとされ、庭園などに植えられていた帰化植物で、今では各地で野生化している。マンテマという一風変わった名前の由来は諸説あるが、はっきりしていない。マンテマの花の色は暗紅紫色で白のふちどりがあるが、本種は白～淡紅色である。草丈は15～45cmで、茎や葉、萼《がく》に毛が密生する。花は直径7mmほどで、萼《がく》筒《とう》には10本の脈があり、目立つ。種子は黒く腎臓のような形をしている。砂地や道端、荒れ地に生える。

オオアマナ

【大甘菜】

学名	*Ornithogalum umbellatum*
別名	オーニソガラム
科名	キジカクシ科
属名	オオアマナ属
花期	4～5月
分布	ヨーロッパ原産 本州、四国、九州に帰化

小さな球根をたくさんつくる帰化植物

帰化植物でアマナよりも大きいのが名前の由来。「ベツレヘムの星」とも呼ばれるが、この名前の植物は数種あるようだ。花は直径2.5cm程度で、花弁状の花被片《かひへん》は6枚。雄しべの根元は扁平で、6個合わせるとまるで王冠のような形をつくる。高さ20cmほどの花茎《かけい》から枝分かれした長い花茎は、地面に水平に伸びる。種子はできないことが多い。よく似た植物に、葉がそれほど細くないホソバオオアマナがあり、本種とは異なり球根は大きく、分裂する。

観賞用に栽培されていたものが、野生化して大群落に。

見てみよう

球根を掘り、見わける

本種は球根を見ないと、ホソバオオアマナと見わけるのが難しい。直径3cmほどの球根の下部に、小さな球根（写真右）がついていたら本種だ。

1
2
3
4
5
6
7
8
9
10
11
12

アマドコロ

【甘野老】

学名	*Polygonatum odoratum* var. *pluriflorum*
別名	イズイ、カラスユリ、エミグサ
科名	キジカクシ科
属名	アマドコロ属
花期	4～5月
分布	北海道、本州、四国、九州

花は葉腋《ようえき》に1～2個ずつつく。

細長い釣り鐘状の花がぶらさがる

山野の草地で、弓のように曲がった茎に下向きの花が咲く。アマドコロ（甘野老）とは山芋の仲間のオニドコロに根茎が似て、食べると甘いことから名づけられた。草丈60～80cmで茎には稜《りょう》があり角張っている。5～10cmの長だ円形の葉が互生する。葉腋《ようえき》に筒状の愛らしい花が1～2個ずつ規則正しくぶら下がって並ぶ。黄白色の花は1.5～2cmで、花の先端は緑色を帯びる。果実は黒紫色に熟して美しい。花のついていない茎も生け花に添えられることもある。

触ってみよう

「角ドコロ」の茎

アマドコロの茎に触ると、稜があり角張るのがわかる。よく似たナルコユリには稜がない。見わけ方を「マルコユリ、カクドコロ」と覚える。

ナルコユリ

【鳴子百合】

学名	*Polygonatum falcatum*
別名	エミグサ、オオエミ、ヤマエミ
科名	キジカクシ科
属名	アマドコロ属
花期	5～6月
分布	北海道、本州、四国、九州

鳴子に例えられた筒状の花が並ぶ

風に揺れてカランカランと音が聞こえてきそうな、筒状の花が並ぶ。これを鳥を追い払う鳴子《なるこ》に見立てたのが名前の由来である。山野の林内に生え、草丈50～80cmでアマドコロ（左頁）によく似ているが茎は丸い。全体にアマドコロよりすらりとした感じがする。葉は細長く8～15cmで、裏面の脈上に突起があり、若い葉は中央に白い筋が入ることがある。葉《よう》腋《えき》につく緑白色の筒状の花は1～5個ずつ垂れ下がり、花の先端は緑色が濃い。果実は黒紫色になる。

花は1つの葉腋から1～5個ずつにぎやかにつく。

ミヤマナルコユリ

小さめで花がたくさん

ナルコユリとよく似た植物に少し小形のミヤマナルコユリがある。2～3個の花が左右に分かれて咲き、茎に稜がある。山野の林内に生える。

チゴユリ

【稚児百合】

学名	*Disporum smilacinum*
別名	
科名	イヌサフラン科
属名	ホウチャクソウ属
花期	4～6月
分布	本州、四国、九州

1 2 3 4 5 6 7 8 9 10 11 12

花は内側の 3 枚が花弁で、外側は萼片《がくへん》。

春の淡い光のなかで清楚に咲く

小さくてかわいいユリに似た花を、稚児（小さな子供）に例えて名づけられた。白色の花は、その名のとおり小さくて直径は 2～3 cm。花は横か斜め下を向き、1 本の茎に 1～2 個咲く。花をルーペで拡大して見てみるとユリのような形をしていて、雌しべの先端は 3 つに分かれ、雄しべは 6 個。明るい林床や草地に普通に生えていて、草丈は 15～30cm で、茎はほとんど枝分かれしない。以前の分類ではユリ科だったが、近年の研究でイヌサフラン科に見直された。

見てみよう

実は緑色から黒く熟す

葉は長さ 4～7 cm、幅 2～3 cm のだ円形～長だ円形で、先端はとがり、微細な突起がある。秋になると黄葉し、直径 1 cm 弱の球状の液果がつく。

ホウチャクソウ

【宝鐸草】

学名	*Disporum sessile*
別名	
科名	イヌサフラン科
属名	ホウチャクソウ属
花期	4～6月
分布	日本全土

6枚の花弁が筒状の花に見える

宝鐸《ほうちゃく》とはお寺の建物の軒に吊りさげて飾る大型の風鈴のこと。下を向いて咲く花を宝鐸に例えたのが種名の由来。花は春に咲き、白～緑色。筒状の花が下を向いて咲く種類にはアマドコロ（p56）などがあるが、アマドコロの花被片が合着し筒になるのに対して、本種は花被片が分かれ、枝先に咲く点が異なる。花の長さは25～30mmで、花糸は葯の4倍ほどの長さ。草丈30～60cm。大きいものは茎が分岐する。枝先に咲く花数は1～3個。野山の明るい林に生える。

花弁が重なり筒状に見えるが、分かれている。

見てみよう

藍色の実が印象的

ホウチャクソウは夏～秋に、直径が1cmほどの、青みがかった黒い果実をつける。葉が茂った林の下に、ひっそりとぶら下がっている。

ヒトリシズカ

【一人静】

学名	*Chloranthus japonicus*
別名	ヨシノシズカ、マユハキソウ
科名	センリョウ科
属名	チャラン属
花期	4～5月
分布	北海道、本州、四国、九州

光沢のある葉に包まれて白い花が咲く。

株立ちし 一人では咲かない

「一人静《ひとりしずか》」という優雅な名前は、花を静御前の亡霊の舞い姿に見立てたもので、花序が1本であることが名前の由来だが、通常は群生する。山地の林の中に生える。茎は出始めが紫褐色で、枝分かれせずに直立し草丈10～30cmになる。茎の上部に対生する2組の葉がついて4枚が輪生しているように見える。伸びきらない葉に花が包まれている姿が美しい。花には花弁や萼はなく、3つに分かれた白い糸状の雄しべが雌しべの下から外に出る。葉には光沢がある。

見てみよう

不思議な花を覗く

花の形状は独特。花弁のような白い糸は雄しべの先端が伸びたもの。雌しべは雄しべのつけ根のすぐ上にあるが目立たない。

フタリシズカ

【二人静】

学名	*Chloranthus serratus*
別名	サオトメバナ、ツキネグサ
科名	センリョウ科
属名	チャラン属
花期	4～6月
分布	北海道、本州、四国、九州

1
2
3
4
5
6
7
8
9
10
11
12

白い雄しべの花序 二人とは限らない

静御前の亡霊が出てくる能の「二人静《ふたりしずか》」が名前の由来。ヒトリシズカ(左頁)は花序が1つ。山野の林の中に生え、ヒトリシズカより少し遅く咲き始める。葉には光沢がなく、対生して2～3対つき、とげ状の鋸歯がある。草丈は30～60cm。花序は2本のものが多いが、1本や3～5本つくものもある。名前は二人だが、数人ということもあるわけだ。花弁や萼《がく》のない地味な花で、短い花糸が雌しべを包んでいる。花が終わった後、閉鎖花の枝をつけることがある。

花序は2本とは限らず、数本の株もある。

見てみよう

変わった形の雄しべ

フタリシズカの雄しべは変わった形をしている。上を向き、ポケット状になって雌しべを包み、上は3つに分かれ雄しべの葯《やく》は内側についている。

ツルカノコソウ

【蔓鹿の子草】

学名	*Valeriana flaccidissima*
別名	
科名	スイカズラ科
属名	カノコソウ属
花期	4～5月
分布	本州、四国、九州

花の後につる状の枝を出すが、カノコソウは出さない。

見てみよう

雄しべの長さに注目

似ている植物にカノコソウがある。ツルカノコソウは雄しべが花弁より少し長いが、カノコソウの雄しべは大きくはみだし反り返ることもある。

一つの花は小さいが集まって目立つ

直径が1～3mm程度の小さな花が集合し、茎の先端でたくさん咲く。花のころは上に向かって茎を出すが、花の後は地面につる状の枝をはうように伸ばすので、名前に「つる」がついた。山地の木陰の湿ったところに好んで生え、草丈20～40cmになり葉は対生する。咲き始めの頃は、花の白とつぼみの淡紅色が入り混じり、色合いが美しい。この様子が子鹿の背中にある白い斑点をモチーフにした絞り染めの「鹿の子絞り」を連想させるのでこの名前がつけられた。

シャガ

【射干】

学名	*Iris japonica*
別名	
科名	アヤメ科
属名	アヤメ属
花期	4～5月
分布	本州、四国、九州に帰化

種ができないのでクローンで増える

古く中国から渡来した帰化植物。「射干《シャガ》」は中国名ではヒオウギのことで間違って名づけられた。杉林や竹林の林床などに生育する。葉は長さ30～60cm、幅広の帯状で光沢があり、常緑。地中の根茎《こんけい》から匍匐枝《ほふくし》を伸ばして増え、群生することが多い。花茎は上部で枝分かれし、直径4～5cmの白～淡青紫色の花をつける。3枚の外花被片《がいかひへん》には、黄橙色の突起とそれを囲むように青紫色の斑点があってよく目立つ。花は朝開いて夕方にはしぼむ。三倍体のため種子はできない。

林の中で群落をつくり華やかな白が目立つ。

見てみよう

昆虫の道しるべ

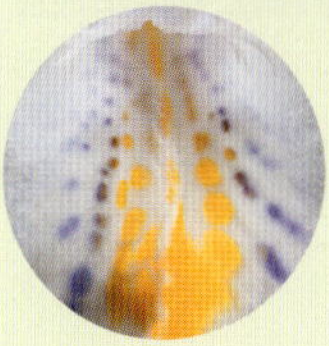

シャガの花には黄色と薄紫色の斑点がある。これは昆虫に蜜のありかを教える標識になっている(ネクターガイド)。

ツボスミレ

【坪菫】

学名	*Viola verecunda*
別名	ニョイスミレ
科名	スミレ科
属名	スミレ属
花期	4～5月
分布	本州、四国、九州（屋久島まで）

湿ったところに多く見られる小さな花のスミレ。

山野に普通に生える小さなスミレ

人里や山野のやや湿ったところに生える白くて小さなスミレ。草丈は5～20cmで変異が多く、茎は根元から枝分かれして伸びる。和名のツボは庭の意味で、身近に普通に生えることを意味し、別名は仏具の如意《にょい》に花柄の形が似ることに由来する。葉は扁平した心形で柔らかく、托葉《たくよう》の切れ込みはないか、浅い。長さ0.8～1cmのやや小さな白い花は、下弁に紫色のすじが入って、側弁には少し毛があり、後ろに伸びる距は短く上弁は反り返ることが多い。

見てみよう

花の内側と横側に注目

スミレの仲間を見わけるポイントは、茎があるかないか、花の内側に毛があるかないか、花の後ろの距の色と形などである。

マルバスミレ

【円葉菫】

学名	*Viola keiskei*
別名	ケマルバスミレ
科名	スミレ科
属名	スミレ属
花期	4～5月
分布	北海道、本州、四国、九州（屋久島まで）

1
2
3
4
5
6
7
8
9
10
11
12

葉も花も丸みのある白いスミレ

山野や道端の日当たりのよいところに多く見られる。草丈は5～10cmだが、夏には30cm近くまで伸びることもある。全体に毛がある個体とない個体がある。葉が丸いのが名前の由来だが、時期によって丸みは異なる。花は白いが淡い桃色もあり、葉のみならず花まで丸い感じがする。花弁は長さ1～1.4cmで側弁に少し毛がある。距は長く太く紫色の斑点がある。毛が多いものをケマルバスミレとして区別することもあるが、中間型も多く、区別するのは難しい。

丸みのある葉に白くふくよかな花が咲く。

見てみよう

春の葉と、夏の葉は違う

マルバスミレの花のころの葉（写真）はそれほど丸くない。葉が丸くなるのは、花が終わった後の葉。こちらは丸々している。

ギンラン

【銀蘭】

学名	*Cephalanthera erecta*
別名	
科名	ラン科
属名	キンラン属
花期	4～5月
分布	北海道、本州、四国、九州

葉が軽く波打つのが特徴。

地面から生えるラン 小さく可憐な花

黄色い花を金、白い花を銀に例えることがある。花が黄色のキンラン（p160）に対し、本種は花が白いのでギンランと名づけられた。雑木林の中に生え、草丈20～40cm、キンランやササバギンランより小さい。葉は細く、先端がとがる長だ円形で3～6個つき、基部は茎を抱く。茎の先端に長さ1cmほどの白い半開き、またはほとんど開かない花を数個つける。花には短い距がある。苞葉《ほうよう》は短く、花序より長くならない。日本全土に分布するが、近年数が減っている。

見てみよう

これでも咲いている

ギンランの花はほとんど開かない。花のつけ根にある小さな葉（苞）がほとんどない。花の下にある黄色い部分は蜜が詰まった距と呼ばれる部分。

ササバギンラン

【笹葉銀蘭】

学名	*Cephalanthera longibracteata*
別名	
科名	ラン科
属名	キンラン属
花期	5～6月
分布	北海道、本州、四国、九州

花は小さく葉には縦にしわがある

落葉樹の林床に見られ、ギンラン（左頁）より少し高所の林にも生える。ギンランに似るが、葉がギンランよりも細長く、笹の葉に似ているのが名前の由来。草丈は30～50cmで、細長い葉が数多く生える。茎の頂に白い花を数個つけるが、半開きで終わることもある。花は長さ1cmくらいで、唇《しん》弁《べん》の基部は筒状《とうじょう》で距となる。下部の苞葉《ほうよう》が花のつく部分より長く上に出ること、茎や葉の裏などに多少毛があり、全体に大形であることなどの点でギンランと区別できる。

雑木林の林に咲く代表的な野生ランは貴重な存在。

見てみよう

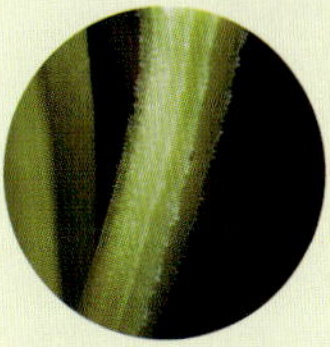

小さな部分に注目

本種は花の下にある苞が大きめで、全体に細かい毛が生えているのが、見わけるポイントである。

オオバコ

【大葉子】

学名	*Plantago asiatica*
別名	カエルバ、オンバク、オンバコ、スモウトリグサ
科名	オオバコ科
属名	オオバコ属
花期	4～9月
分布	日本全土

車や靴で踏み固められたところにも多く見られる。

花序から飛び出す雄しべ

踏まれても強く生きる雑草で、道端や路上、山道にも生える。葉が広く大きいことからついた名前で、生薬として使われる。葉は根生葉《こんせいよう》で根元から放射状に広がる。高さ10～20cmの花茎《かけい》を伸ばし、花は穂状で下から上へと咲く。1つの花の中で雌しべ、雄しべの順で成熟する雌性先熟《しせいせんじゅく》である。果実は熟すと横に割れて、先端部分がとれる。小さな種子は、ぬれると粘って靴や服、車などにくっついて運ばれる。ヨーロッパ原産のヘラオオバコは背が高く葉がへら形である。

触ってみよう

踏まれても

さすがに車のわだちには生えることができないオオバコだが、車が入らないような林道だと写真のような群落になり、葉は地面から離れて斜上する。

ヘラオオバコ

【箆大葉子】

学名	*Plantago lanceolata*
別名	
科名	オオバコ科
属名	オオバコ属
花期	4～8月
分布	ヨーロッパ原産 北海道、本州、四国、九州に帰化

道端や荒れ地、河原などで近年増加しているヨーロッパ原産の帰化植物。花茎《かけい》は高さ20～70cm。長さ5～10cm程度の花序から1cm程度の雄しべが飛び出すのが目立つ。葉がへらのような形なのが名前の由来。

チガヤ

【千茅】

学名	*Imperata cylindrica* var. *koenigii*
別名	チ、フシゲチガヤ、シゲチガヤ
科名	イネ科
属名	チガヤ属
花期	5～6月
分布	日本全土

山野の草地や道端に群落となる。開花前の花序をツバナと呼び、噛むと淡い甘みを感じる。草丈30～80cm。葉は長さ20～50cm、幅1cm程度。赤い雄しべがある花期よりも、果期の白い綿毛が目立つ。

ユキノシタ

【雪の下】

学名	*Saxifraga stolonifera*
別名	キジンソウ、コジ、イワブキ、イワカズラ、イシガキバナ、イシバナ、エシガラミ、イドクサ、イケノハタ、ユツグサ、キンギンソウ
科名	ユキノシタ科
属名	ユキノシタ属
花期	5～6月
分布	本州、四国、九州

1
2
3
4
5
6
7
8
9
10
11
12

緑の葉の上に雪が降っている光景にも見える。

民間薬としても山菜としても

「雪」がつく名前だが初夏に咲く涼しげな白い花。左右対象で何とも美しい5弁花だ。白い花を雪に例えたり、冬に雪の下でも葉が枯れないことなど名前の由来には諸説ある。湿った土や岩の上に生え、はう枝を出して新しい株をつくり群生することが多い。葉は根生し、厚みがあるが柔らかい。表側には脈に沿って白い斑が、裏側は赤褐色の毛がある。花茎《かけい》は20～50cmに伸び、白い花を多数つける。花の上部の3枚の花弁に濃紅色と黄色の模様がある。

食べてみよう

食べても薬草としても

ユキノシタの葉は、山菜として天ぷらなどにして食べられる。やけどなどのときに効果がある生薬としても使われる。

シロツメクサ

【白詰草】

学名	*Trifolium repens*
別名	シロツメグサ、クローバー
科名	マメ科
属名	シャジクソウ属
花期	5～8月
分布	ヨーロッパ、アフリカ、西アジア原産。日本全土に帰化

四つ葉のクローバーでおなじみ

江戸時代にオランダからこわれ物（ガラス器や医学機器）を輸入した際に、クッションとして詰め物に使われ、花が白いのが名前の由来。一般にクローバーとも呼ばれる。牧草として世界中に広がる。茎は地をはって伸び、葉は3枚の小葉で、カタバミ類の葉に似るが、小葉の先がくぼまない点で区別できる。長さ1cmくらいの白い花が数十個集まって球状の花序になる。花は受粉すると外側から順に垂れる。蜜源植物の一つで、ミツバチやハナバチ類がよく集まる。

シロツメクサはハナバチたちのお気に入り。

見てみよう

幸せを探して

幸運を呼ぶという四葉のクローバーはこの葉が変異したもののこと。ほとんどが三つ葉だが、まれに四つ葉があるので探してみよう。

ツルソバ

【蔓蕎麦】

学名	*Persicaria chinensis*
別名	
科名	タデ科
属名	イヌタデ属
花期	5～11月
分布	本州、四国、九州、沖縄

暖かい地域の海岸でよく見られるつる植物。

地面をはったり 木によじ登ったり

アジアの熱帯に広く分布するつる植物で、日本の本州では伊豆諸島や紀伊半島に生育していたが近年どんどん北上している。暖かい海岸に多く、初夏から秋に白い花を咲かせる。茎は長く伸びて枝分かれし、地をはったり、斜めに立ち上がったりする。葉は互生し、長さ5～10cm。枝先に集まって咲く白い花は深く5裂し、長さ3～4mm程度と小さく目立たない。花の後につく果実は、半透明のゼリー状のような萼片《がくへん》に包まれていて、黒紫色が透けて見え美しい。

見てみよう

たくさんの実

本種の果実はソバに似て3つの稜がある。たくさん咲いて、たくさん実をつけ旺盛に繁殖する。温暖化の影響か、本種は北上を続けている。

オカトラノオ

【岡虎の尾】

学名	*Lysimachia clethroides*
別名	トラノオ
科名	サクラソウ科
属名	オカトラノオ属
花期	6～7月
分布	北海道、本州、四国、九州

たくさんの尾っぽが同じ方向を向く

「虎の尾」という名前からは連想しにくい、白く小さな花が集まった花序が伸びる。日当たりのよい丘陵や草地に生え、草丈60～100cm。横に垂れ先端が立ち上がる花序がトラの尾に似ることから名づけられた。茎の先に花をつけ、小花の直径は1cm程度で、たくさんの花が下から順に開いていき、長さが30cmになることもある。同属のヌマトラノオは湿地に生え、花序は垂れず、ノジトラノオは関東地方以西の湿った草地に生え、葉が細い。

白く愛らしい花がたくさんついた穂が美しい。

ヌマトラノオ

花序以外はそっくり

ヌマトラノオの花序は、本種と異なり垂れずにまっすぐ上を向いて伸びる。ヌマトラノオは湿地に生え、点状の毛が生える。

ドクダミ

【蕺草】

学名	*Houttuynia cordata*
別名	ジュウヤク、ドクダメ、シブキ
科名	ドクダミ科
属名	ドクダミ属
花期	5～7月
分布	本州、四国、九州、沖縄

1
2
3
4
5
6
7
8
9
10
11
12

花序の長さは1～3cm、4枚の白い苞葉が目立つ。

薬草として、干した葉をお茶にする

本種の名前の由来はいくつかあり、毒や痛みをとることから「毒痛《どくいた》み」がなまったという説、強い臭気があるので毒を溜めた草という意味の「毒溜《どくだめ》」がなまったという説などがあるが、はっきりしない。薬草として盛んに利用され、10種類もの薬効があるので「十薬《じゅうやく》」とも呼ばれる。消炎や利尿効果などがあるそうだ。白い花弁のように見えるものは葉が変化した苞葉《ほうよう》で、淡黄色で円柱状の花序に花弁はない。草丈は15～30cmで、人家近くの半日陰に多く生える。

かいでみよう

触っただけでにおう

臭気は葉や茎を傷つけると、さらに強くなる。このにおいをかぎながら、花のしくみも観察し、雄しべと雌しべだけの花だということを確認しよう。

ハンゲショウ

【半夏生】

学名	*Saururus chinensis*
別名	カタシログサ
科名	ドクダミ科
属名	ハンゲショウ属
花期	6～8月
分布	本州、四国、九州、沖縄

梅雨明け前に葉が白く涼やかに色づく

暦の「半夏生」（夏至から数えて11日目）のころに花が咲くこと、また花期に葉の基部側半分だけが白くなるので「半化粧」とされたのが名前の由来といわれる。湿地や水辺を好み、梅雨明け前に涼しげに見える。草丈60～100cm。上部の葉腋《ようえき》などから花序を出し、小さな白い花をたくさんつけるが、花には花弁も萼《がく》もない。葉が白くなるのは、この小さな花を目立たせる役割がある。花が終わって真夏になると、白くなった葉は元の緑色に戻っていく。

花が咲く株しか、葉が白くならない。

かいでみよう

ドクダミの仲間だから

ハンゲショウは全体に独特の臭気がある。白い葉は、花が終わるとだんだん薄くなり、淡緑色になっていくが、完全には戻らない。

1
2
3
4
5
6
7
8
9
10
11
12

ギンリョウソウ

【銀竜草】

学名	*Monotropastrum humile*
別名	ユウレイタケ
科名	ツツジ科
属名	ギンリョウソウ属
花期	4～8月
分布	日本全土

1 2 3 4 5 6 7 8 9 10 11 12

ギンリョウソウは葉緑体のない腐生植物。

暗い林床に咲き 葉も葉緑素もない

山の中で初めて出会ったときに、ぞっとした人もいるだろう。本種は白色半透明のキノコのようで、首を垂れるような姿にはユウレイタケの別名がぴったり合う。腐植質の多い落葉広葉樹林に生える。葉緑体を持たない寄生（腐生）植物で光合成せず、菌類から養分を吸収する。草丈20cmほどで、うつむくように斜め下向きに花がつき、柱頭は紫色で、葯《やく》は黄色。この花と花茎《かけい》のうろこ状の鱗片葉《りんぺんよう》に包まれている白色半透明の姿を銀の竜に見立てたのが名前の由来。

見てみよう

目玉のおやじ

花が終わった後、子房が丸く膨らんできて、最終的には人間の目玉のような形になる。昆虫に食べられて種子が散布される。

ヨウシュヤマゴボウ

【洋種山牛蒡】

学名	*Phytolacca americana*
別名	アメリカヤマゴボウ
科名	ヤマゴボウ科
属名	ヤマゴボウ属
花期	6～9月
分布	北アメリカ原産 日本全土に帰化

北米大陸から来たヤマゴボウ

空き地や道端に生え、鮮烈な紅紫色の茎にブドウのように垂れ下がった果実が房状になる。北米原産で明治初期に入ってきた帰化植物。草丈は1～1.8mで大きな株になる。同じ仲間に中国原産といわれるヤマゴボウがある。ただし、「山ごぼうの漬物」として出回っている植物の根はまた別物。花は白色またはやや紅色を帯び、直径5～6mm。茎は太くて赤みを帯び、果実が黒紫色に熟すとかなり存在感がある。果実をつぶして子供たちがインク染め遊びをする。

実も根も有毒なので食べないように。

触ってみよう

汁気たっぷりの果実

濃紫色の実を触ってみよう。間違ってつぶすと、手に濃い色がついてしまう。これを服につけてしまうと、洗濯しても取れにくい。

オオアレチノギク

【大荒れ地野菊】

学名	*Conyza sumatrensis*
別名	
科名	キク科
属名	イズハハコ属
花期	7～10月
分布	南アメリカ原産。本州、四国、九州、沖縄、小笠原に帰化

1 2 3 4 5 6 7 8 9 10 11 12

丈が高くなり、荒れ地に限らずどこでも広がる。

大航海時代に広がった厄介者

名は野菊でも、観賞するような美しい花ではなく、その名のとおり荒地でもどこでもはびこって厄介者扱いされる帰化植物。南米から世界各地へ広がっていった歴史は15世紀と古く、日本には大正時代に渡来。草丈は1～2mになり、茎には毛が多い。高く伸びた茎の上部に円すい状にたくさんの花をつける。1個の頭花は5mm程度で、舌状花《ぜつじょうか》は舌状部が小さくほとんど見えないが、花が終わって綿毛が発達すると目立つようになる。種子は風に乗って運ばれる。

見てみよう

毛がいっぱい

オオアレチノギクの茎には毛がたくさん生えている。茎に対してほぼ垂直に出るような毛を「開出《かいしゅつ》毛《もう》」と呼ぶ。

ヒメムカシヨモギ

【姫昔蓬】

学名	*Conyza canadensis*
別名	ゴイッシングサ、テツドウグサ
科名	キク科
属名	イズハハコ属
花期	7～12月
分布	北アメリカ原産 日本全土に帰化

道端や荒れ地にはびこる大形雑草

北アメリカ原産の帰化植物。夏から秋に芽生え、ロゼット状になって越冬、翌春になると大きく生長し、夏～秋に開花して枯れることが多い。茎は直立、上方で分岐し、粗い毛がまばらに生える。草丈1～2m。茎の上部にたくさんの頭花が集まり、円すい形に広がりながら咲く。頭花は直径3mmで、小さく目立たない。花の周囲には小さく細かい舌状花《ぜつじょうか》がある。葉のふちにはまばらに毛が生える。日本各地の道端、荒れ地などに大量発生する典型的な帰化雑草。

茎を取り囲むように細長い葉がつく。

ヒロハホウキギク

舌状花が目立つ

北アメリカ原産の帰化植物。ヒメムカシヨモギに似るが頭花の直径は7～9mmで大きく、舌状花が目立つ。草丈は1m以上になる。

ハキダメギク

【掃溜菊】

学名	*Galinsoga quadriradiata*
別名	
科名	キク科
属名	コゴメギク属
花期	6～11月
分布	熱帯アメリカ原産 日本全土に帰化

掃き溜めなんていわれたくないような愛らしい花。

都会の片隅にしぶとく生きる

ハキダメギクとはずいぶんかわいそうな名前だが、東京都世田谷区の掃き溜めで見つかったことが名前の由来で、植物学者の牧野富太郎が命名した。熱帯アメリカ原産。草丈は15～60cm。頭花は小さいが、よく見ると5個並んだ舌状花《ぜつじょうか》の白い花弁は、先が3つに分かれている。中央の筒状花《とうじょうか》の黄色とのコントラストが美しく均整がとれた花だ。花の時期が長くいろいろな場所で目にする。みじめな名前が記憶に残ってしまうが、都会から畑まで広がるたくましい植物だ。

見てみよう

腺毛が目立つ頭花

小さな花だがルーペで拡大して見ると、とても美しい花である。下から見ると、総苞《そうほう》や花茎《かけい》にたくさんの腺毛《せんもう》が見える。

ヤブレガサ

【破れ傘】

学名	*Syneilesis palmata*
別名	ヤブレカラカサ
科名	キク科
属名	ヤブレガサ属
花期	7～10月
分布	本州、四国、九州

1
2
3
4
5
6
7
8
9
10
11
12

その名のとおり 破れた傘のような姿

その名のとおり、破れた傘があちこちから芽を出して葉を開こうとしているような姿が、おもしろい。この切れ込みの多い葉を破れた傘に見立てた。若いときは葉が1枚だけだが、数年たって株が生長すると、50～100cmほどの高さに伸びた花茎《かけい》に葉を2～3枚つける。根生葉《こんせいよう》にも長い葉柄があり、手を広げたような放射状の形が美しい。頭花は白く8～10mmで円すい状に10個ほどつくが、筒状花《とうじょうか》だけで目立たない。葉の形やつき方を「傘」に例えた野草は多い。

花のころには破れ傘ではなくなっている。

モミジガサ

新芽は破れた傘のよう

モミジガサの新芽もヤブレガサに似て、破れた傘を畳んだような形をしている。アイヌ語起源のシドケという名前の山菜としても有名。

シラヤマギク

【白山菊】

学名	*Aster scaber*
別名	ムコナ
科名	キク科
属名	シオン属
花期	8～10月
分布	北海道、本州、四国、九州

野菊の仲間で白い舌状花はまばらな感じにつく。

見てみよう

葉もよく見よう

キク科植物の頭花《とうか》はどれも似たり寄ったり。このため見わけるポイントは葉になる。大きなハート形の葉はほかにはない特徴。

新芽がムコナとよばれ食用にされる

山地の乾いた場所や道端に多く見られ、草丈1～1.5mになる野菊の仲間。白い花がたくさん咲いて、あたかも山のように見えるのが名前の由来。茎は赤みを帯び、茎や葉には毛があるのでざらつく。下部の葉の柄は長くて翼《よく》があり、近縁種《きんえんしゅ》を見わけるときのポイントとなる。ハート形の葉の先はとがり、ふちには粗い鋸歯がある。花は1～2cmで白い色がはっきりし、舌状花《ぜつじょうか》の数がほかの野菊に比べて少ない。ヨメナに対してムコナと呼んで食用にすることもある。

ノブキ

【野蕗】

学名	*Adenocaulon himalaicum*
別名	
科名	キク科
属名	ノブキ属
花期	8～10月
分布	北海道、本州、四国、九州

葉柄にフキにはないひれ状の翼がある

葉がフキに似ているがフキではないので区別するためノブキの名がついた。湿った林や登山道沿いでよく見かける。草丈50～80cmになり、上部で枝分かれして花をつける。頭花は外側に雌花、中心部に雄花が集まり、白いデコレーションケーキのように見える。花の後、雄花は結実せず落ち、外側の雌花は放射状に果実が実って花のように見える。先端が粘り、人や動物にくっついて運ばれる。登山道でよく目にするのはこうした散布の仕組みがあるからだ。

登山道でよく見かけるノブキは実の形も楽しい。

触ってみよう

べたべたしてひっつく

ノブキの実には、粘液がびっしりついた腺毛《せんもう》が生えている。この粘液で服や毛皮につき、ひっつき虫として種子を散布する。

ワルナスビ

【悪茄子】

学名	*Solanum carolinense*
別名	オニナスビ、ノハラナスビ
科名	ナス科
属名	ナス属
花期	6～10月
分布	北アメリカ原産 日本全土に帰化

1
2
3
4
5
6
7
8
9
10
11
12

根茎を長く伸ばして広がるので、駆除は大変。

市街地付近の道端や荒れ地などで見かける

雑草として抜きとろうとしても茎や葉に鋭いとげが多く、触ると痛くて始末に困るナス科の野草なのが名前の由来。昭和初期に千葉県で発見されたが、現在は全国に広まっている。花は直径約3cmで、星形に大きく開く。花色は白が多いが、紫もある。花をよく観察すると、雄しべがバナナのような色と形をしている。果実は直径1.5cmほどで、初めは黄緑色に緑色のすじが入ったスイカのような模様だが、熟すと黄色くなる。環境省の要注意外来生物リストに指定。

注意しよう

とげだらけの痛いヤツ

茎葉だけでなく、葉脈にもとげが生える。とげは長くするどく、触ると本当に痛いので注意が必要だ。初めて触ったら悪名に納得するだろう。

ヒヨドリジョウゴ

【鵯上戸】

学名	*Solanum lyratum*
別名	ウルシケシ、ツララコ、ホロシ
科名	ナス科
属名	ナス属
花期	8～9月
分布	日本全土

公園から低山まで広い場所に生える

花よりも、秋に目立つ美しい実で存在を知ることがある。この実をヒヨドリが好んで食べるという想像から名づけられた。山野や丘陵の草地に生えるつる植物で、葉柄で木の幹や枝にからまる。茎や葉には軟毛が密生し、葉は切れ込みのないものや3つに切れ込むものなどさまざま。茎の途中や葉と対生したところに花序が出る。花弁は直径1cmほどで白色、5裂した花冠が反り返る。秋には、直径8mmほどのミニトマトのような、赤く熟した実がなる。

秋に赤い果実がなるまではあまり目立たないつる性の植物。

触ってみよう

触るとべたつく

庭やベランダなどにもよく生えてくる。抜こうとして触ると手がべたつく。茎をよく見ると、全体にたくさんの腺毛《せんもう》が生えているからだとわかる。

ジャノヒゲ

【蛇の鬚】

学名	*Ophiopogon japonicus*
別名	リュウノヒゲ
科名	キジカクシ科
属名	ジャノヒゲ属
花期	7～8月
分布	北海道、本州、四国、九州

龍のひげのように細い葉が特徴的。

よく弾む?! 青く美しい種子

蛇のひげというが、ヘビにはひげがない。別名のように細い葉の形が想像上の龍のひげに似ることが名前の由来。山野の陰地に多く生え、はう枝を出して増えていき群生する。葉の長さは10～20cm、花《か》茎《けい》は7～15cmになる。白や淡紫色の花が下向きに咲く。花の時期よりもブルーの宝石のような種子に目をうばわれることが多い。果皮が早く落ちるため、種子はむき出しになり青く熟す。庭にもよく植えられるタマリュウ（玉竜）は園芸用の矮小《わいしょう》種《しゅ》で背が低い。

触ってみよう

弾ませてみよう

ジャノヒゲの直径7mmほどの種子は濃青色。触ると堅く、果皮はないが、コンクリートや石に投げつけると、驚くほどよく弾む。

タケニグサ

【竹似草】

学名	*Macleaya cordata*
別名	チャンパギク
科名	ケシ科
属名	タケニグサ属
花期	7～9月
分布	本州、四国、九州

街中でも見かける大形の野草

茎が中空で、空高く伸びる枝が竹に似ているので「竹似草」。竹と煮ると、竹が柔らかくなるから竹煮草という説もあるが正しくないようだ。葉や茎を切ると出る黄色の液体は有毒で、かぶれることもあるので注意。日当たりのよい荒れ地や草地に多い。深い切れ込みのある葉は長さ 30cm もあり大きい。草丈 1～2 m。植物全体が粉白色を帯びる。つぼみの期間、花を包んでいた萼片《がくへん》は開花と同時に落下する。花には花弁がなく、綿毛のような花に見えるのは雄しべ。

冬になって葉が落ちると枝だけ残り、竹っぽくなる。

聴いてみよう

ささやき草

うすい長だ円形の実がつく穂を振ると、カサコソと軽い音をたてる。この音のため、「ささやき草」と呼ばれることもある。

セリ

【芹】

学名	*Oenanthe javanica*
別名	シロネグサ
科名	セリ科
属名	セリ属
花期	7～8月
分布	日本全土

1
2
3
4
5
6
7
8
9
10
11
12

春の七草として独特の味わいがある。

小さくて白い かわいい花が咲く

平安時代の宮中行事であった摘み草に由来する「春の七草」の一つで、古くから利用されてきた植物である。水田や小川のほとりなど、湿ったところに生える。春から夏にかけてはう枝を伸ばし秋に新芽を出して増える。群落をつくり、密集したところで競り合って生えることが名前の由来。草丈20～50cmになり、小さな白い花を多数つける。春におひたしや和え物にして、独特の香りで季節の味を楽しむことができる。中国では古くから栽培され薬用にしている。

注意しよう

春の七草の一つ

野菜として売られているセリは、自生しているセリを栽培化したもの。採集するときは、有毒のドクゼリに注意。ドクゼリには肥大した根茎がある。

ウマノミツバ

【馬の三葉】

学名	*Sanicula chinensis*
別名	
科名	セリ科
属名	ウマノミツバ属
花期	7～9月
分布	日本全土

地味な花で
暗い場所に生える

低山の日陰に多く生え、見た目にはミツバだが、料理には使えない。葉は3裂した三つ葉だが、下部の大きな葉は5つに大きく切れ込む。草丈30～80cm、花は白色で小さく、両性花と雄花がある。果実はかぎ状に曲がった堅いとげを密生する。学名の *Sanicula* は「健康な」という意味で、昔は日本でも民間薬として使われていたという。残念ながらミツバのようによい香りもなく、まずいので馬にでも食わせるしかないという、かわいそうな名前がついてしまったようだ。

ミツバに似ているが、よい香りはしない。

注意しよう

食べられない

ミツバは野菜として売られているが、野山にも普通に生え、山菜として食べられる。写真は食べられないウマノミツバの葉。間違えないように注意。

シシウド

【猪独活】

学名	*Angelica pubescens*
別名	イヌウド、ウマウド、タカオキョウカツ
科名	セリ科
属名	シシウド属
花期	8～11月
分布	本州、四国、九州

1 2 3 4 5 6 7 8 9 10 11 12

夏の空に高く立ち上がり大きい。

大きく目立つ野草だが食べられない

山地の日当たりのよい斜面に生える大形の野草で日本固有種。ウド（ウコギ科）に似て強そうな感じから名づけられた。高さ1～2mになり上部は枝分かれする。太い茎には細毛があり、大きな葉は2～3回羽状複葉で、葉柄の基部は袋状に膨らみ茎を抱く。枝先に傘を広げたように40cmくらいの複散形花序をつけ、多数の白い小花が咲く様子は見事。花の後は全体に果実をびっしりとつける。小さな果実には薄い翼《よく》があり、風で飛びやすくなっている。

注意しよう

ウドは山菜

写真はウド。新芽は山菜として食べられる。シシウドは食べられない。ウドは全体に毛が生えるが、シシウドには微毛しかないので注意する。

ノハカタカラクサ

【野博多唐草】

学名	*Tradescantia flumiensis*
別名	トキワツユクサ
科名	ツユクサ科
属名	ムラサキツユクサ属
花期	7～8月
分布	南アメリカ原産 本州、四国、九州に帰化

1
2
3
4
5
6
7
8
9
10
11
12

先祖返りで緑一色の葉ばかり

トキワツユクサ（常盤露草）の名前でも知られている帰化植物。昭和初期に葉に白い斑のある園芸品種が持ち込まれ野生化した。その際、先祖返りを起こし緑一色の葉になった。茎は地面をはうように伸びて節から根を出して広がり、斜めに立ち上がって1m近くになる。花は1.5cmほどで、白い3枚の花弁が三角形に見える。6本の雄しべから、雄しべに似た多数の長い毛がブラシのように生えているのがおもしろい。道端や暖かい地域の林の中で勢力を伸ばしている。

園芸種がいつの間にか野草のような顔で広がる。

見てみよう

水晶の玉

花には、雄しべから出る毛がたくさん生えている。ルーペなどでよく見ると、細胞の一つ一つがまるで水晶玉のように見える。

ハエドクソウ

【蝿毒草】

学名	*Phryma leptostachya ssp. asiatica*
別名	ハエトリソウ
科名	ハエドクソウ科
属名	ハエドクソウ属
花期	7～10月
分布	北海道、本州、四国、九州

1 2 3 4 5 6 7 8 9 10 11 12

花穂は長さ 10 ～ 20㎝。花はとても小さい。

1属1種で仲間はいない

全草に殺虫成分があるので、汲みとり式便所の肥溜めにハエなどを発生させないために入れたのが名前の由来である。とくに殺虫成分が強い根を煮詰めた汁で、かつてハエ取り紙をつくった。花は筒状で、全体の長さが5～6mmと小さく目立たない。花冠は唇形で上下に分かれ、上部は反り、下部は平らで比較的大きい。花は白～淡紅色で、つぼみでは上を向いているが、開花すると横を向き、実になると下を向く。草丈は15～70cmで、低山の林床などに生える。

見てみよう

巧妙な仕組み

果実は先端がかぎ状に曲がって堅くなる。そのとげが衣服や動物の毛にひっかかり、「ひっつき虫」となって遠くに運ばれていく仕組みになっている。

ヤマノイモ

【山の芋】

学名	*Dioscorea japonica*
別名	ジネンジョ
科名	ヤマノイモ科
属名	ヤマノイモ属
花期	7～8月
分布	本州、四国、九州、沖縄

自然に生える芋 むかごもおいしい

山野に生えるつる植物で、地下の肥大した根を食用にする。里芋に対して山の芋の意味、また自然に生える芋(自然薯《じねんじょ》)の名で知られる。葉腋《ようえき》につく、むかごも食べられる。雌雄《しゆう》異株《いしゅ》で、雄株は白い花をつけた花序が立ち上がり、雌株は花序が垂れ下がる。葉は対生する。秋に3枚の羽を張り合わせたような果実が多数ぶら下がる。中の種子は平たく、薄い翼《よく》があり風で飛ぶ。同じつる植物のオニドコロ（p369）は葉が互生し、種子には片側だけに伸びる翼がある。

雌花。アップの写真も雌花で、花は大きく開かない。

食べてみよう

おいしい珠芽《むかご》

夏になると葉柄の根元部分には、小さなイモのようなむかごができる。むかごごはんにするのもいいし、生でも食べられるので、食べてみよう。

ヤマユリ

【山百合】

学名	*Lilium auratum*
別名	エイザンユリ、ヨシノユリ、リョウリユリ
科名	ユリ科
属名	ユリ属
花期	7～8月
分布	本州（中部地方以北）

大きな花がいくつも開くと甘い香りが漂う。

大形で芳香も強いユリの女王

山地や丘陵、草地に生える大輪のユリで、山野の中でよく目立つ。立ち上がることが多いが大輪の花は重く、がけでは垂れて生える。花は直径22～24cm。草丈1～1.5mになり大きな花を数個～20個つける。白い花被片《かひへん》は反り返り、内側には黄色いすじと赤褐色の斑点がある。赤い花粉の色合いも美しいが、衣類に花粉がついて染まるとなかなかとれない。姿ばかりでなく強い芳香があり、アゲハチョウなどに人気の夏の花だ。鱗茎《りんけい》は苦味がないので食用にされた。

ササユリ

ピンクの花

中部地方以北に分布するヤマユリに対し、中部地方以西に分布するユリがササユリ。どちらもよい香りのする美しい花を咲かせる。

タカサゴユリ

【高砂百合】

学名	*Lilium formosanum*
別名	シンテッポウユリ、ホソバテッポウユリ
科名	ユリ科
属名	ユリ属
花期	7～11月
分布	台湾原産。本州に帰化

台湾原産の帰化植物。花色は白色だが、花被片《かひへん》の外側に紫褐色の線が入る。帰化しているのは、純粋なタカサゴユリではなく、テッポウユリとの雑種が多く、シンテッポウユリの名もある。種子から1年で開花する。

日本のユリ

日本はユリの種類が多く、ユリ王国といってもよいほど。特にヤマユリやテッポウユリのように白いユリの多さは世界有数。ユリの花は花弁が内側に3枚、萼《がく》が外側に3枚。6枚の一つ一つが同じように見え、このような状態の花を花被片という。

スカシユリ

花は上を向いて咲き、基部には透き間がある。静岡県と伊豆諸島、新潟県以北の日本海の海岸近くの草地や岩場に生える。

カノコユリ

花は白～淡紅色。濃紅色で鹿の子絞りのような模様がある。九州に分布。タキユリはがけから垂れて咲き四国に分布。

クルマユリ

明るい橙色の花は直径3～4cmで、斜め下を向いて咲く。主に亜高山帯の草原に生える。葉が茎から輪生状に出る。

テッポウユリ

白い花の基部は長細い管状になり、横を向いて咲くユリ。海岸近くのがけなどに生える。屋久島以南、沖縄に分布。

ウバユリ

【姥百合】

学名	*Cardiocrinum cordatum*
別名	カバユリ、ネズミユリ
科名	ユリ科
属名	ウバユリ属
花期	7～8月
分布	本州（関東地方以西）、四国、九州

1
2
3
4
5
6
7
8
9
10
11
12

緑白色の花が咲くが、花の先は少ししか開かない。

ユリ科では大形の多年草

姥《うば》とは老婆のこと。花が咲く盛夏のころ、葉が枯れたり、虫に食われたりして、葉がない場合が多いので「葉がない」と「歯がない」をかけ、「歯がないのは老婆である」との語呂合わせによって命名。花はユリ属とは異なり、花被片《かひへん》のつながりが弱く、だらしない感じがする。花の長さは15～25cm、茎の上部に横向きに咲く。花の内側に紫褐色の斑点があるものがある。草丈は0.6～1.2 mで、山野の林内や草地に生える。球根の鱗片《りんぺん》から良質なでんぷんが採れる。

聴いてみよう

優しい音を奏でる果実

冬になると、果実はドライフラワーのように乾燥する。中には大量の種子が入っていて、振ると「シャラシャラ」と優しい音がし、風に乗って飛ぶ。

ヤマジノホトトギス

【山路の杜鵑草】

学名	*Tricyrtis affinis*
別名	
科名	ユリ科
属名	ホトトギス属
花期	8～10月
分布	北海道（西南部）、本州、四国、九州

花は葉のつけ根で咲き反り返らない

ホトトギスの名がつく仲間は多く、どれも花や葉の形が似ている。本種は山地に生えて、ホトトギスの花に似るということで名づけられた。ホトトギス（p308）と同じように鳥のホトトギスの羽に似た斑点が花被片《かひへん》に入る。茎に斜め下向きの毛が密生することや、花は茎の先や葉のわきに1～3個つくことで、ヤマホトトギスと区別できる。花の上部は平らに開き、反り返らない。ヤマホトトギスは花が反り返り、紅紫色の斑点は少なく目立たないことが多い。

花は開くが反り返らないのが見わけるポイント。

ヤマホトトギス

花の開き方

ヤマホトトギスは花被片《かひへん》が反り返り白っぽい。メリーゴーラウンドのような花に、ハナバチが訪れてぐるぐる回りながら花粉をつけていた。

カワラマツバ

【河原松葉】

学名	*Galium verum* ssp. *asiaticum* var. *asiaticum* f. *lacteum*
別名	
科名	アカネ科
属名	ヤエムグラ属
花期	7～9月
分布	北海道、本州、四国、九州

1
2
3
4
5
6
7
8
9
10
11
12

河原や日当たりのよい土手に多く生える。

河原に多く、マツに似た葉

河原に多く、葉が松葉に似ていることから名づけられたが、マツよりもカラマツの葉を連想させる。乾いた草原や土手にも生える。草丈は30～80cmで、2～3cmの線形の葉が6～10枚輪生する。すべて同じように見えるが、この中で本来の葉は2枚だけで、そのほかは托葉《たくよう》が大きくなったもの。葉はふちがやや反り返っていく。茎の先や葉腋に小さな花を多数つけて泡立ったように見える。この仲間は変異が多く、黄色い花のものはキバナカワラマツバ（p184）という。

触ってみよう

松葉のような葉

カワラマツバの葉は、つやがあり、松葉のようにも見える。葉裏には白い毛が生える。葉は堅いように見えるが、それほどでもない。

ヘクソカズラ

【屁糞蔓、屁臭蔓】

学名	*Paederia scandens*
別名	ヤイトバナ、サオトメカズラ
科名	アカネ科
属名	ヘクソカズラ属
花期	8～9月
分布	日本全土

においは臭いが花も実も美しい

夏の終わりから秋にかけて花が咲くつる植物。花は筒状で先端が5つに分かれ、花の内側は、真紅色で毛が多い。この赤い色をヤイト（お灸）に例えたのが別名のヤイトバナ。葉や茎をちぎると不快なにおいがして、これを屁や糞のにおいに例えて名前がついた。踏みつけて漂うにおいでこの草があることに気づく。秋になると直径7mmの丸い果実がかたまってつき、陽に照らされると琥珀色に輝いて美しい。迷惑な名前のおかげで嫌われるが、花も果実も両方楽しめる。

悪臭はあるが、花は実に愛らしいつる植物。

かいでみよう

個性的なにおい

ヘクソカズラといえば、印象的なのはあの臭いにおい。においは個人によって好き嫌いがあるが、屁や糞ほどは臭くないと思う。

キカラスウリ

【黄烏瓜】

学名	*Trichosanthes kirilowii* var. *japonica*
別名	ウカイ、ウシノシイ
科名	ウリ科
属名	カラスウリ属
花期	7～9月
分布	北海道、本州、四国、九州

レース状に広がる花は夜遠くからでも目立って見える。

黄色く大きい果実が目立つ

晩秋に大きな黄色い玉が木から下がっているのを目にする。カラスウリに似た黄色いウリのような実がなる。山野のやぶに生えるつる植物で、葉は光沢がある。日没とともにに開花する。5裂した白い花冠の先は細かく糸状に細裂しており、レース状に広がる。果実は卵のような形で7～10cmになり、中は黄色いジャム状の物質に黒い種子が多数入っている。1つの種子の形は扁平でカラスウリ（右頁）のような翼はない。根のでんぷんからあせもに効く天花粉《てんかふん》をつくる。

見てみよう

大きい実がぶら下がる

葉が枯れたころ、黄色い大きな果実が熟す。種子は薬用にする。根茎があり、これを干したものも生薬として利用する。

カラスウリ

【烏瓜】

学名	*Trichosanthes cucumeroides*
別名	タマズサ、ムスビジョウ、グドウジン
科名	ウリ科
属名	カラスウリ属
花期	8～9月
分布	本州、四国、九州

妖しくレースを広げ夜に咲く花

里山や丘陵の林のふちで赤橙色の果実を見かける。雌雄異株《しゆういしゅ》のつる性で巻きひげで絡みつく。葉は光沢がなく、よくざらつく。日没後に5裂した白い花が咲き、レース状に広がる。香りがよく、夜に蜜を求めてくるスズメガの仲間を誘う。果実は5～7cmで、食べられないウリなのが名前の由来。種子は扁平だが翼があり「大黒様」「カマキリの頭」と呼ばれ、結び文の「玉ずさ」の名もある。根はデンプンやアミノ酸を含み、漢方では利尿剤などに用いる。

果実は鮮やかでおいしそうだが、食べられない。

触ってみよう

打出《うちで》の小槌《こづち》を探そう

よく実った赤橙色の果実を割って、種子を取り出そう。種子は左右に張り出しがあり、「打出の小槌」のような形をしている。

アレチウリ

【荒れ地瓜】

学名	*Sicyos angulatus*
別名	
科名	ウリ科
属名	アレチウリ属
花期	8～9月
分布	北アメリカ原産 北海道、本州、四国、九州に帰化

川の土手に一面覆いつくすように茂っていく。

輸入大豆に混入して広がった特定外来生物

北アメリカ原産のつる性の帰化植物で、1952年に静岡県清水港で初めて採られた。輸入大豆に混入して広がったといわれ、各地で急速に繁茂し、特定外来生物に指定されている。河岸の土手や荒れ地で大群落をつくる。分枝した巻きひげで絡みつき長さ数mにもなる。雌雄同株《しゅうどうしゅ》で雌花は短い枝先に多数集まって咲く。果実は細長い卵形で中に1個の種子があり、星形に数個集まった果実序を形成する。鋭いが柔らかいとげと毛がびっしり生えていて金平糖《こんぺいとう》のように見える。

見てみよう

こんなウリもあり

ウリの仲間としては珍しく、果実は全体にとげに覆われている。繁殖力は非常に強く、ひとたび増えるとカーペットのように草木を覆う。

イタドリ

【虎杖】

学名	*Fallopia japonica* var. *japonica*
別名	サイタヅマ、タジヒ、スカンポ、タンジ、スッパグサ
科名	タデ科
属名	ソバカズラ属
花期	7～10月
分布	北海道、本州、四国、九州

さわやかな酸味のある若い茎

芽が出たばかりのイタドリの茎を折ると中空で、かじってみるとさわやかな酸っぱい味がする。海岸から高山まで分布は広く、ヨーロッパにも帰化している。草丈50～150cmになり、根茎を横に伸ばしてまた新苗を出す。雌《し》雄《ゆう》異《い》株《しゅ》で葉腋《ようえき》や枝先に白色～紅色の5裂した小さな花を多数つける。雌花は花が終わると萼《がく》片《へん》が翼《よく》に発達し、中の果実は黒く光沢がある。名前の由来は、切り傷の痛みをとる薬にしたからとも、漢方薬の「虎《こ》杖根《じょうこん》」からともいわれている。

荒地から高山まで分布を広げてたくましく生きる。

食べてみよう

さわやかな酸味

皮をむいた新芽は生のままで食べられるほか、炒めたり茹でたり、山菜として利用される。シュウ酸を多く含むので食べ過ぎに注意。

ゲンノショウコ

【現の証拠】

学名	*Geranium thunbergii*
別名	ミコシグサ
科名	フウロソウ科
属名	フウロソウ属
花期	7～10月
分布	北海道、本州、四国、九州

1 2 3 4 5 6 7 8 9 10 11 12

関東では白い花が多いが、濃い紅紫色もある。

効き目がすぐに現れる特効薬

昔から胃腸病の特効薬として名高く、これを飲めば下痢も腹痛もすぐに治まるので「現の証拠」という名前がついた。花の直径は1～1.5cmで関東周辺では白色が多く、西日本では紅紫色の花が多い。山野の道端に見られ、草丈30～60cmで、茎や葉に毛がある。葉は手を広げたような形で若いうちは黒紫色の斑点がある。くちばし状に伸びた果実は、下部に5個の種子がつく。熟すと果皮が巻き上がり、種子をはじき飛ばして散布する。その飛距離は1mにもなる。

触ってみよう

果実ははじけて飛ぶ

ゲンノショウコの果実は触らなくても乾燥すればはじける。はじけた後の形が三角屋根の神輿に似ているのでミコシグサの別名がついた。

日本のフウロソウ

ミツバフウロ

北海道から九州の山地に生える。花の直径3 cm。葉は深く3つに分かれ、茎に下向きの毛が生える。

アサマフウロ

本州中部地方の湿った草地に生える。花は濃紅色で直径3～4 cm。九州には変種のツクシフウロが分布する。

ハクサンフウロ

北海道、本州中部地方以北の高山や高原に生える。萼片《がくへん》の毛は少なくて伏せ、葉は細く切れ込む。

グンナイフウロ

北海道、本州中部以北の山地に生える。濃淡の変化が大きい紅紫色の花は横を向いて咲き、直径3 cm。

センニンソウ

【仙人草】

学名	*Clematis terniflora*
別名	タカタデ
科名	キンポウゲ科
属名	センニンソウ属
花期	8～9月
分布	日本全土

広く群がって咲く白い花は豪華さを感じる。

果実から伸びる仙人のひげ

道端や林縁の日当たりのよいところに生えるつる性の植物で、白い花が一面に咲く姿は見事だ。花は直径2～3cmの十字形をしていて、萼片《がくへん》が花弁のように見え、数個の雄しべがよく目立って華やかな感じがする。葉は対生して3～7枚の小葉からなる羽《う》状複葉《じょうふくよう》。花が終わると、伸びた花柱《かちゅう》についた白い羽毛状のふわふわとした毛が目立つ。これを仙人のひげに見立てたのが名前の由来。種子は風に乗って遠くへ運ばれる。茎や葉に有毒物質を含むが、漢方では根を薬用にする。

触ってみよう

ふわふわの毛と厚い葉

仙人の名のとおり、果実には白い毛がある。写真はまだ若い果実で、これからさらに毛を広げる。葉は果実が熟したころにも残る。

ボタンヅル

【牡丹蔓】

学名	*Clematis apiifolia*
別名	ワクノテ、ワクヅル、エミグサ
科名	キンポウゲ科
属名	センニンソウ属
花期	8～9月
分布	本州、四国、九州

日当たりのよい野山に生えるつる植物

葉がボタンの葉に似ていることから「牡丹蔓」という名前がついた。つる性で、長い柄につく葉は3枚の小葉からなり、それぞれの葉のふちには不揃いの鋸歯がある。花は白くセンニンソウ（左頁）によく似ているが、やや小さめの十字花で白い萼片《がくへん》の外側には白い毛がある。果実にはセンニンソウ同様に白い毛があるが、1cmほどでセンニンソウよりも短い。センニンソウや本種の花からは想像しにくいが、観賞用のテッセンやクレマチスは近縁種である。

小葉には鋸歯があり花はセンニンソウより小さい。

触ってみよう

綿毛がたくさん

花が終わると綿毛になり、センニンソウとよく似ている。実の時期には葉はほとんどないが、残っている葉で見わけることができる。

ミズタマソウ

【水玉草】

学名	*Circaea mollis*
別名	
科名	アカバナ科
属名	ミズタマソウ属
花期	8～9月
分布	北海道、本州、四国、九州

白く輝く果実は名前のとおり水玉に見える。

小さな「水玉」がかわいらしい

山野の日陰に生える。草丈は20～60cm。花は小さくて目立たないが、果実がその名のとおり特徴的で印象が強い。「水玉草」のいわれは、丸い果実に白い毛が密生した姿を水玉に見立てたもの。茎には下向きの細い毛があり、葉は対生してまばらな鋸歯がある。節は赤褐色がかることもある。花は白色かやや淡紅色で小さい。ミズタマソウの仲間は2数性で花弁や萼《がく》、雄しべも2個である。丸い果実は直径3～4mmで溝があり、かぎ状に曲がった毛がつく。

見てみよう

水玉はひっつき虫

ミズタマソウの果実をよく見てみると、複雑な形が見えてくる。果実の周囲にはかぎ状の細かい毛が生え、熟すと動物や服にくっついて広まる。

サラシナショウマ

【晒菜升麻】

学名	*Cimicifuga simplex*
別名	
科名	キンポウゲ科
属名	サラシナショウマ属
花期	8～10月
分布	北海道、本州、四国、九州

大きな試験管ブラシのような花

山地の林内や林縁で白い花の穂が目立つ。サラシナ（晒菜）とは若菜を茹でて水に晒《さら》して食べる、または茹でる前に冷水に1日くらい晒してアクを抜くという意味で、ショウマ（升麻）は漢方薬の生薬としての名前。草丈は60～120cmになり、葉は2～3回分かれる複葉。花は両性花と雄花があり、多数穂状につきブラシのように見える。5～10mmの花柄《かへい》があることで同属のイヌショウマと見わけられる。冬に野山を歩くと本種の枯れた果実が目立ち、ドライフラワーのよう。

林の中で咲く白いブラシ状の花が涼しげ。

聴いてみよう

柔らかい音

果実は袋状で、中には小さな種子が入っている。果実はからからに乾燥し、冬になっても残る。これを振るとカサカサと柔らかい音がする。

ススキ

【薄、芒】

学名	*Miscanthus sinensis*
別名	オバナ、カヤ
科名	イネ科
属名	ススキ属
花期	8～10月
分布	日本全土

1
2
3
4
5
6
7
8
9
10
11
12

ススキは秋の七草、季節行事には欠かせない。

十五夜の月見に飾る秋の七草

山野のいたるところで見られる。秋の七草の「尾花」として親しまれ、十五夜の月見には飾って楽しむ。名前はすくすくと立つ木に由来するという説がある。大きな株をつくり草丈は1～2mになる。茎の先にほうきのような花序をつけ、花の時期には黄色や暗紅紫色の雄しべが出て色が濃く見える。秋になると小さな果実が多数でき、白い毛で穂がふわふわになる。毛のほかに、長い芒《のぎ》が果実に1本つく。別名のカヤは、ススキの葉を刈って葺いた刈屋根からついた。

注意しよう

切らないように注意

ススキの葉に触るときは注意しよう。葉のふちに鋸状の三角形の鋭いとげがあり、横にすっと通ると皮膚が簡単に切れてしまう。

オギ

【荻】

学名	*Miscanthus sacchariflorus*
別名	オギヨシ
科名	イネ科
属名	ススキ属
花期	9～10月
分布	北海道、本州、四国、九州

ススキより大きな穂 水辺を好む

オギとススキはよく似ているので区別しづらいが、乾燥したところを好むススキに対して、本種は水辺に生える。ススキのように株はつくらず、地下茎が長く伸び地中をはうので河川敷でしばしば大群落をつくっている。葉は幅が広く茎につき、花の時期には下の葉が枯れ落ちる。穂はススキよりも大きく枝が密に出て、ススキの穂よりも毛並がよい感じがする。銀白色の毛がふさふさしているが、本種の果実には、ススキの果実にある長い芒《のぎ》がない。

一面銀白色のオギの穂が風になびいて美しい。

注意しよう

オギの葉にも注意

ススキの葉で手が切れるのは有名だが、オギも葉のふちにのこぎり状のとげがあり、手を切ることがある。ススキだけでなく、オギの葉にも注意。

ヤブミョウガ

【藪茗荷】

学名	*Pollia japonica*
別名	ミョウガソウ
科名	ツユクサ科
属名	ヤブミョウガ属
花期	8～9月
分布	本州（関東地方以西）、四国、九州、沖縄

公園や山地の林内、里山などに多く生える。

花のつくりはツユクサに似ている

葉がショウガ科のミョウガに似て、やぶがあるような場所に生えるのが名前の由来。花茎《かけい》が長く伸び、花の塊が茎をとりまくように数段つく。花は変わった形と構成をしていて、一つの株に雄花と両性花がある。雄花には雌しべがなく、両性花では雄しべよりも雌しべが長く伸びる。葉は長さ30cm程度で、茎の中央部付近にまとまって出る。茎の下部の葉は、基部が茎を抱く。草丈は0.5～1m。茎や葉には毛が多く、触るとざらざらとした感触がある。

触ってみよう

直径5mmの小さな果実

秋になると、暗藍色の実ができる。濡れているかのような光沢があるが、触ってみると乾いていて、つぶすと中から砂粒のような種子が出てくる。

チヂミザサ

【縮み笹】

学名	*Oplismenus undulatifolius*
別名	
科名	イネ科
属名	チヂミザサ属
花期	8～10月
分布	北海道、本州、四国、九州

1
2
3
4
5
6
7
8
9
10
11
12

縮み織りみたいに波打つ葉

葉全体にしわがあって織物の「縮み織り」に似ていること、葉の長さがイネ科の草としては3～7cmと短く「笹」に似ていることから「縮み笹」と名づけられた。風で花粉を運ぶ風媒花のイネ科植物は、花が地味な印象ではあるが、本種は小さいながらもきれいな花を咲かせる。草丈10～30cm。暗い林中から、草地、道端など広い環境でよく見られる。変異が大きく、葉や花序の軸などに毛の多いものをケチヂミザサ、少ないものをコチヂミザサとして区別することもある。

花の先端には、長い芒《のぎ》があって目立つ。

触ってみよう

粘液版ひっつき虫

果実についている長いノギは、熟すと粘液を出して衣服や動物の毛などにひっつき、遠くへ運ばれる。果実を触ると、べたべたした感触がある。

オトコエシ

【男郎花】

学名	*Patrinia villosa*
別名	オトコメシ、オオドチ
科名	スイカズラ科
属名	オミナエシ属
花期	8～10月
分布	北海道、本州、四国、九州

1
2
3
4
5
6
7
8
9
10
11
12

オミナエシにくらべて頑丈な感じがする。

黄色いつぼみは女飯 白いつぼみは男飯？

黄色い花のオミナエシ（p189）に対して、白い花のオトコエシ。小さい粒状の黄色いつぼみを、女性が食べる粟飯に例えて女飯（オミナエシ）となり、それに対してオトコエシの白いつぼみを男性の食べる米飯（白米）に例えて男飯（オトコエシ）となった、と説明されるがオミナエシの名前は万葉集のころからあり、この説は定かではない。全体に頑丈で、毛が多く長い地上枝を伸ばす。明るい林や草原に生えて背丈は60～100cm。葉は対生しオミナエシよりも厚い。

かいでみよう

野草は野のままに

山野に生えているときはにおいがないが、切り花にして花瓶に生けると発酵したようなにおいがする。写真は米粒のように小さなつぼみ。

オモダカ

【面高】

学名	*Sagittaria trifolia*
別名	ハナグワイ
科名	オモダカ科
属名	オモダカ属
花期	8～10月
分布	日本全土

1 2 3 4 5 6 7 8 9 10 11 12

人の顔に例えられ家紋にもなった花

矢じりのような形をした長さ7～15cmもある大きな葉が目立つ。この葉が高く伸びた様子を人の顔に見立てたのが名前の由来で、家紋にも用いられている。夏になると三枚の白い花弁の花が節ごとに3個ずつ輪生して咲く。草丈は20～80cmと変化が大きく、花序の上部には雄花、下部には雌花が咲く。葉の先端は鋭くとがる。花は一日花で朝咲いたら夕方しぼむ。浅い池や沼、水田に多く見られ、地中に枝を伸ばして水底に球茎をつける。水田ではよく増える雑草。

水田では地中に伸ばした球茎と種子から増える。

食べてみよう

野菜としてのオモダカ

正月料理に使うクワイは、日本在来植物のオモダカを品種改良した野菜で、球茎部分を食べる。雌花は中央部の雌しべの集まりが緑色で目立つ。

メドハギ

【蓍萩】

学名	*Lespedeza cuneata*
別名	メドグサ、メドギ、メド
科名	マメ科
属名	ハギ属
花期	8～10月
分布	日本全土

1
2
3
4
5
6
7
8
9
10
11
12

萩にしては目立たない花がたくさん茎につく。

目立たない小さな花

萩と名がつくと美しい秋の七草を連想するが、本種の花は小さく目立たない。名前の由来は、茎の葉をしごいて落とし、占いの筮《めどき》に用いたからというが、今では竹を使うことが多い。日当たりのよいところを好み、草丈は60～100cm、茎は直立せず、よく枝分かれし、長さ1～2cmの小さな3小葉がびっしりとつく。花は長さ6～7mmで、葉腋《ようえき》に数個ずつ集まって咲き、黄白色の花弁で紅紫色の模様が入る。1個の花はよく見ると愛らしい。目処の意味で「目処萩」とも書く。

ネコハギ

葉が毛深い

メドハギに似て茎が直立しないマメ科植物に、地面をはうハイメドハギと、葉に多くの白毛が生えているネコハギがある。

マツカゼソウ

【松風草】

学名	*Boenninghausenia albiflora* var. *japonica*
別名	マツガエルウダ、マツカゼルーダ
科名	ミカン科
属名	マツカゼソウ属
花期	8～10月
分布	本州（宮城県以南）、四国、九州

柑橘類のような葉の芳香

「松風草」という優雅な名前を聞くだけで心地よく感じるものだ。秋風に揺れる草の姿から風流人が名づけたのではないかという。暖地に多く、山地の林縁に生えて草丈50～80cmになる。丸みのある細かな小葉が多数つく複葉で、青みがかった粉白緑色をしている。葉には油点がたくさんあり、もむと柑橘類のような独特な芳香がするが、臭気と感じる人もいる。秋の初めに枝先に白色の小さな花を多数つける。昔は書物や宝物の虫よけに用いたという。

粉白緑色の細かな葉が涼しさを感じさせる。

かいでみよう

触るとさわやかな香り

葉が小さく、形も異なるので想像しづらいが、マツカゼソウの葉を揉むとミカンと同じような柑橘類の香りがしてミカン科だということがわかる。

センブリ

【千振】

学名	*Swertia japonica*
別名	トウヤク
科名	リンドウ科
属名	センブリ属
花期	8～11月
分布	北海道、本州、四国、九州

小さな星が開いたような花。

千回振り出しても苦みが残る薬草

古くから健胃、整腸の民間薬として知られている。煎じて千回振り出してもまだ苦みが残ることが名前の由来で、「当薬《とうやく》」という名でも市販されている。日当たりのよい山野に生え、草丈20cmほどで茎は紫色を帯びる。葉は対生し細長い線形。花は直径2～3cmで5裂する星形になり、白い花弁に紫色のすじが入る。昔は野生のものを薬に使ったが、今は栽培ものが使われている。名前は知られているが、美しい小さな花を実際に見たことのある人はそう多くはないだろう。

イヌセンブリ

苦くないセンブリ

センブリに似ているが苦味が無く、薬用にもならないのがイヌセンブリ。センブリとの違いは花弁にある蜜腺周りの毛がセンブリより長いこと。

コウヤボウキ

【高野箒】

学名	*Pertya scandens*
別名	タマボウキ、バイコウハグマ、メンド、メンドウ、ネンド、ネンドウ
科名	キク科
属名	コウヤボウキ属
花期	9～10月
分布	本州（関東地方以西）、四国、九州

枝を集めてほうきを作った

昔、高野山でこの枝を集めてほうきを作ったというのが名前の由来。ほうきの材料としてはかなり繊細な感じがする。高さ50～100cmの草のような小低木で、日当たりがよく乾いた山地に生える。葉の形は2種類あり、1年目の枝には卵形の葉が互生し、2年目の枝にはやや細長い葉が3～5枚ずつまとまってつく。花は1年枝の先につき、13個ほどの白い小花が集まった頭花となり、先は深く切れ込んでくるりと巻いている。全体として白色に薄紅色が混じり美しい。

草のように繊細な小低木で花も美しい。

見てみよう

しなやかな細枝

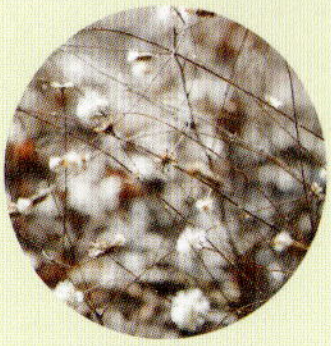

コウヤボウキの枝は細くしなやかだ。冬の枝には綿毛（冠毛）がついている。綿毛は通常は白いが、たまに赤い綿毛を持つ個体もある。

ハマギク

【浜菊】

学名	*Nipponanthemum nipponicum*
別名	
科名	キク科
属名	ハマギク属
花期	9～11月
分布	本州（茨城県以北）

海岸や砂浜にふさわしい大きな白い花が印象的。

花が大きく美しい海岸の菊

海岸や浜辺に生える野菊で、花が大きいのでよく目立つ。日当たりのよい砂地などに多く、背丈1mにもなる亜低木。江戸時代には園芸種として栽培されていた。盆栽仕立てもあり、園芸店でもよく見かける。葉は光沢のあるへら形で厚みがあり、花は白い舌状花《ぜつじょうか》を持ち、直径6cmで大形。日本固有種で、青森県から茨城県の太平洋岸のがけや砂浜に分布する。学名の属名にも、種小名にもニッポンとつくのは植物では本種だけ。昔から秋の季語にもなっている。

コハマギク

美しい野菊

コハマギクは、茨城県から北海道までの主に太平洋側の海岸に生える野菊。頭花の直径は4～5cm。

日本の野菊①

アシズリノジギク

四国南部に分布。西日本の太平洋側に分布するノジギクの変種。海岸近くの岩場や草地に生える。

シロヨメナ

本州、四国、九州に分布。山里の林内に普通に生える。個体差は大きい。葉はキク属と違い葉裏に毛がなく鋸歯が鋭い。

リュウノウギク

福島県以南、四国、九州の山地の草原に生える。頭花の直径は3～4cm。香料のリュウノウの香りがする。

ユウガギク

本州の関東以北の日当たりのよい草地に生える。舌状花《ぜつじょうか》の花色は白色～淡青紫色。葉の鋸歯は深く切れ込む。

シモバシラ

【霜柱】

学名	*Keiskea japonica*
別名	ユキヨセソウ
科名	シソ科
属名	シモバシラ属
花期	9～10月
分布	本州（関東地方以西）、四国、九州

秋は涼しげな花、冬は氷の華が楽しめる。

冬に咲く美しい氷の華

シモバシラの名前の由来を知るには、この草を冬の時期に見ることだが、それでは草の姿がわからない。草丈40～90cmになり、秋の初めに山地の木陰で白い花を咲かせる。花は葉腋《ようえき》から出た枝先の片側に並んでつく。小さな花から飛び出す雄しべが「つけまつげ」のように見え、かわいい。花の透き通るような白色が霜柱を連想させる。冬枯れがはじまると、茎の根元からさまざまな形の氷柱が立ち上がる。まさにシモバシラの名前のとおり、氷の造形が楽しめる。

見てみよう

シモバシラの霜柱

冬になると、枯れたシモバシラの根から茎へ地中の水分が吸い上げられて凍り、白い氷の霜柱が出てくる。日中になって気温が上がると溶ける。

スイセン

【水仙】

学名	*Narcissus tazetta*
別名	ニホンズイセン、セッチュウカ、ニワキ
科名	ヒガンバナ科
属名	スイセン属
花期	12～4月
分布	地中海沿岸原産。特に本州（関東以西）、四国、九州の海岸に帰化

真冬に咲く花の代表格

独特の香りがあり季節の花として正月に欠かせない。古くに中国を経て渡来し、日本各地の海岸などで野生化している。晩秋に地中の鱗茎《りんけい》から葉を伸ばして20～40cmになり、葉は青みがかった灰白色。花茎《かけい》には葉がなく、花を5～7個つけて寒い時期から咲きはじめる。中央のラッパ形の黄色い部分も花弁。代表的なスイセンのほかに、花全体が白くて香りが強いもの、八重咲きなどさまざまな園芸品種がつくられている。名前は漢名「水仙」の音読み。

海岸に群生していることが多く、芳香が一面に漂う。

かいでみよう

甘い香りに囲まれて

千葉の房総半島南部は日本最大のスイセンの切花の産地。12～1月にかけてこの辺りを歩くと、甘い香りに包まれる。

フクジュソウ

【福寿草】

学名	*Adonis ramosa*
別名	ガンジツソウ
科名	キンポウゲ科
属名	フクジュソウ属
花期	3～4月
分布	北海道、本州、四国、九州

1
2
3
4
5
6
7
8
9
10
11
12

雪の多い山では4月ごろに咲く。

江戸時代から栽培 園芸品種も多い

旧暦の正月ごろに咲き始めるので「福告ぐ草」と呼ばれたが語呂が悪いので、福寿草になった。花の直径は3～4cm。黄色い花弁がパラボラアンテナのように開く。花の中心に太陽熱を集めるようになっていて、暖かさと花色の黄で、寒い早春に活動する昆虫を誘う。朝開いた花も夕方には閉じるが、天気が悪く、寒い日には開かない。従来1属1種とされていたが、フクジュソウ、ミチノクフクジュソウ、キタミフクジュソウ、シコクフクジュソウの4種に分類が見直された。

ミチノクフクジュソウ

みちのくだけではない

フクジュソウは萼片《がくへん》が花弁と同じ長さだが、ミチノクフクジュソウの萼片は花弁の半分程度、名前はみちのくでも、本州から九州まで分布する。

セイヨウアブラナ

【西洋油菜】

学名	*Brassica napus*
別名	
科名	アブラナ科
属名	アブラナ属
花期	3～5月
分布	ユーラシア原産 北海道、本州、九州に帰化

菜種、菜の花と呼ばれる

春、土手や畑でたくさんの黄色い花が風に揺れる。一般にアブラナと呼ばれているが、明治の初めにヨーロッパから渡来し、種子から油を採るために栽培されている。花は鮮やかな黄色で、花弁は十字形に並ぶ。萼片《がくへん》は開かないで立つ。茎や葉には白粉をまぶしたような特徴がある。葉が緑色で白っぽくないニホンアブラナにかわって油脂原料として栽培されたが、野生化してさまざまな場所で見られる。菜種、菜の花と呼ばれるのは今では本種のことをさす。

一面の菜の花畑というのはセイヨウアブラナが多い。

見てみよう

葉は茎を抱く

いわゆるアブラナにはさまざまな種類があり、またよく似ている。本種は葉に厚みがあり、基部が茎を抱くように回り込む。

カラシナ

【芥子菜】

学名	*Brassica juncea*
別名	セイヨウカラシナ
科名	アブラナ科
属名	アブラナ属
花期	3～5月
分布	ユーラシア原産 日本全土に帰化

ほっそりとした小さめの黄色い花が群生している。

ハルザキヤマガラシ

増えている帰化植物

開花期が春で、球状の花の塊が小さいのが特徴。本州中部以北に多かったが、近年関東周辺でもよく見られるようになった。

種子からマスタードを作る

本種は栽培植物で、アブラナ類とクロガラシとの交配ででき、種子からカラシ（マスタード）を採った。セイヨウカラシナは欧米から渡来したといわれ、草丈30～80cmになる。セイヨウアブラナ（p125）に似るが全体にやや小さく、葉の基部は茎を抱かない。似た花のハルザキヤマガラシはセイヨウヤマガラシとも呼ばれ、ヨーロッパ原産で葉は濃い緑色で光沢があり、羽状複葉となる。山地に多く、群落をつくることがあるが、在来のヤマガラシは高山帯の植物で別種。

イヌナズナ

【犬薺】

学名	*Draba nemorosa*
別名	
科名	アブラナ科
属名	イヌナズナ属
花期	3～5月
分布	北海道、本州、四国、九州

緑の少ない都市部では見つからない

イヌという名前は、人間の役に立たない植物につけられることが多い。イヌナズナも、ナズナ（p33）に似ているのに食べられないから、という理由で名づけられた。春の田畑や草地、道端に生える。ナズナと異なり、本種の花色は黄。花弁は4枚あり、花の直径は約4mm。花序の下から花が咲いていく。草丈10～20cmで、株立ちすることはない。ナズナに比べ繊細で弱い感じがする。茎から出る葉の基部は茎を抱く。日本各地に分布するが、ナズナほど多くはない。

花を観察すると、中心に果実の赤ちゃんが見える。

見てみよう

短毛が密生する

アブラナ科の植物は花の形がよく似ているので、果実で見わける。イヌナズナの果実は長さ5～8mm。扁平で短毛が生えている。

イヌガラシ

【犬芥子】

学名	*Rorippa indica*
別名	
科名	アブラナ科
属名	イヌガラシ属
花期	4～9月
分布	日本全土

道端や草地に生える多年草。

見てみよう

果実の形をよくみよう

果実は、棒状で上方にカーブする。熟すと果皮がめくれて2列に並んだ小さな種子が出てくる。

カラシナに似るがカラシは作れない

イヌやカラスの名前がついた植物は、人の役に立たないものが多い。本種も、食用になるカラシナ（p126）に似ているが、役に立たない植物である。葉には不ぞろいな切れ込みが多数ある。花は小さく、花弁が4枚で、アブラナ科特有の十字形。イヌナズナ（p127）やスカシタゴボウ（右頁）と花が似ているが、果実の形が異なることで見わけられる。本種の果実は細長く、上に緩やかにカーブするが、スカシタゴボウとイヌナズナの果実は長だ円形。

スカシタゴボウ

【透し田牛蒡】

学名	*Rorippa palustris*
別名	
科名	アブラナ科
属名	イヌガラシ属
花期	4～10月
分布	日本全土

水田で見かける すかしたゴボウ？

名前は、すかした・牛蒡と区切ってはいけない。透かし・田・牛蒡と区切るのが正しい。とはいっても名前の由来は定かでない。ゴボウのような太い根はなさそうだ。水田や湿った場所に多く生える。草丈30～50cmでイヌガラシにも似る。葉は変化が多く、根生葉《こんせいよう》は羽状に裂けて切れ込みがあるが、茎の上部のものは浅い切れ込みで、小さく耳状に張り出して茎を抱く。花は黄色く直径3～4mmと小さい。果実は細長い円柱形で横向きにつく。

湿った田畑に多く、横向きにつく果実が目立つ。

見てみよう

棒状の果実が伸びる

スカシタゴボウの果実は棍棒形でまっすぐ。アブラナ科の仲間は、花がどれもそっくりで、果実が見わけるポイントになる。

コオニタビラコ

【小鬼田平子】

学名	*Lapsanastrum apogonoides*
別名	ホトケノザ、タビラコ
科名	キク科
属名	ヤブタビラコ属
花期	3～5月
分布	本州、四国、九州

オニタビラコに比べて柔らかい感じがする。

春の七草のホトケノザ

新年の「七草粥」には欠かせない。春の七草のホトケノザは本種のことで、若葉は柔らかく、食べることができる。田平子とは、田んぼで根生葉《こんせいよう》を放射状に平らに広げる様子を表現したもの。水田に生え、茎は斜めに伸び、直径1cmほどの黄色い頭花をつける。頭花は9個前後の舌状花《ぜつじょうか》がはっきり見える。草丈は4～25cmと小ぶりで全体にかわいらしいので、オニタビラコと見わけがつく。シソ科にも、ホトケノザ（p220）という名前の野草がある。

食べてみよう

七草粥に欠かせない

春の七草の一つで七草粥にして食べる。早春の葉は小さく、地面近くに生える。シソ科のホトケノザは食べられないので注意しよう。

オニタビラコ

【鬼田平子】

学名	*Youngia japonica*
別名	
科名	キク科
属名	オニタビラコ属
花期	5～10月
分布	日本全土

大形のオニタビラコ

コオニタビラコに似た姿で大形であることから名づけられた。公園や空き地、庭にも生え、放っておくと草丈1mにもなる。全体に細かい毛があり、茎や葉を切ると白い乳液が出る。根生葉《こんせいよう》は大きく放射状に広がり、葉は深く切れ込む。まっすぐな茎の先に7～8mmの黄色い頭花を多数つける。花期は長く、暖かい地域には1年中咲いているところもある。花の後には白い綿毛が飛び、あちこちに広がる。冬も葉は枯れず、地面に放射状に広がったロゼットで冬を越す。

空き地に多く、放っておくと草丈が高くなる。

見てみよう

葉の先端がとがる

オニタビラコはコオニタビラコとよく似ているが、オニタビラコの根生葉の先端はとがり、コオニタビラコの葉はとがらない。

セイヨウタンポポ

【西洋蒲公英】

学名	*Taraxacum officinale*
別名	
科名	キク科
属名	タンポポ属
花期	3～9月
分布	ヨーロッパ原産 日本全土に帰化

交雑により在来種が少なくなることが危惧されている。

単独で増えることができる強い繁殖力

タンポポは空き地や草原一面に黄色い花がたくさん咲く春の代表的な野草で、在来種と外来種がある。本種は明治時代に食用や牧草として輸入された帰化植物。草丈は10～30cm。直立した茎の先に直径3.5～4.5cmの頭花をつける。花期が長く、外側の総苞片《そうほうへん》が強く反り返るのが大きな特徴で、在来種と区別できる。繁殖力が強く、ほかの株の花粉を受粉しなくても種子ができるので、日本全土で見られ、身の周りの多くは雑種タンポポ（トップ写真）である。

食べてみよう

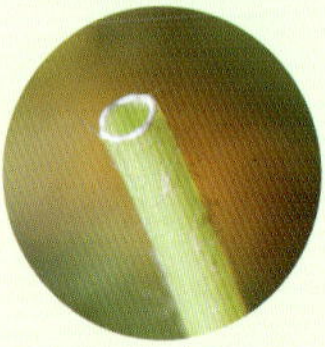

サラダやタンポポ茶

茎を折るとアキノノゲシやレタスと同じように白い乳液が出るが、これは毒ではなく食べられる。昔はサラダ菜として食べられていた。

カントウタンポポ

【関東蒲公英】

学名	*Taraxacum platycarpum*
別名	アズマタンポポ
科名	キク科
属名	タンポポ属
花期	3～5月
分布	本州（関東地方、山梨・静岡県）

関東周辺に分布する在来種のタンポポ

日本原産のタンポポで、関東周辺に分布することから「関東」の名がある。草丈は10～30cmで、茎の先に直径4cmほどの黄色い頭花がつく。総苞片《そうほうへん》の先端に、三角形の突起がある。よく似たセイヨウタンポポ（左頁）とは異なり、総苞外片が反り返らずに直立することで区別できる。春に花が咲いた後は葉が枯れて休眠するので、花期がセイヨウタンポポよりも短い。田畑や道端のほか、日当たりのよい林縁など自然環境が残っている場所に生えている。

数が減り、雑種も増えている。

見てみよう

「総苞《そうほう》」を観察

タンポポは花の下の総苞というふちの部分の形が見わけのポイント。カントウタンポポは外側の総苞片が短く、先端が角状に張り出すのが特徴。

カンサイタンポポ

【関西蒲公英】

学名	*Taraxacum japonicum*
別名	
科名	キク科
属名	タンポポ属
花期	3～5月
分布	本州（長野県以西）、四国、九州、沖縄

タンポポの中では小形で繊細な雰囲気。

日本のタンポポでは繊細な雰囲気

田のあぜや道端、日当たりのよい草地に生える。関西を中心に、九州や沖縄まで広く分布する日本在来のタンポポ。花茎《かけい》は高さ20cm程度で、セイヨウタンポポ（p132）に比べると細い。頭花は直径2～3cm、タンポポの中では小ぶりで、小花の数は少ない。タンポポの特徴である花の下にある総苞外片《そうほうがいへん》が反り返るセイヨウタンポポに対し、本種は反り返らない。外側の総苞片は内側の総苞片の長さの半分。総苞片には角状の突起はないが、あっても小さい。

見てみよう

花の下側の総苞片

キク科の植物の見わけで重要なのは、頭花の下の部分の総苞《そうほう》。葉が変化したもので、一枚を総苞片《そうほうへん》という。タンポポでは特にここに特徴が現れる。

エゾタンポポ

【蝦夷蒲公英】

学名	*Taraxacum venustum*
別名	
科名	キク科
属名	タンポポ属
花期	3～5月
分布	北海道、本州（中部地方以北）

明るい草地や道端に生える。花茎の上部には細毛が生える。頭花は直径4cmで、在来のタンポポでは大きい。総苞は丸い横長、内側の総苞片《そうほうへん》は細く、外側はだ円形。蝦夷という名前だが、関東北部にも分布する。

トウカイタンポポ

【広葉蒲公英】

学名	*Taraxacum platycarpum* var. *longeappendiculatum*
別名	ヒロハタンポポ
科名	キク科
属名	タンポポ属
花期	3～5月
分布	千葉県～和歌山県の本州太平洋側

葉の長さは10～30cm、幅は2～6cm。ヒロハタンポポという別名だが、葉の幅が狭い個体もある。頭花の直径は3cm。外側の総苞片《そうほうへん》が長めで、内側の総苞片の半分以上あり、上部に大きめの角状突起があるのが特徴。

1
2
3
4
5
6
7
8
9
10
11
12

ニガナ

【苦菜】

学名	*Ixeridium dentatum* ssp. *dentatum*
別名	
科名	キク科
属名	ニガナ属
花期	5～7月
分布	日本全土

1
2
3
4
5
6
7
8
9
10
11
12

舌状花の数が多い種、白花の種など、変異が多い。

苦みのある白い乳液

葉や茎を傷つけると出る白い乳液に、苦味があることが名前の由来。草丈は20～50cm。茎の先は枝分かれし、黄色い花があちこちにつく。花は5枚の花弁がついた1つの花に見えるが、花弁のような花それぞれが小さな1つの舌状花《ぜつじょうか》で、通常5個前後の花が集まって1つの頭花ができている。茎の途中の葉は柄がなく、根生葉はさまざまな形に切れ込んで柄がある。山野から空き地まで見られる身近な野草で、食用や胃薬などの薬用にも利用されていた。

見てみよう

小さな花が集まって

ニガナの花はすべてが舌状花。花数は少なく、3～5個程度。これより多い花があった場合はハナニガナという。花色が白いのはシロバナニガナ。

ジシバリ

【地縛り】

学名	*Ixeris stolonifera*
別名	イワニガナ、ヂシバリ、ハイジシバリ
科名	キク科
属名	ニガナ属
花期	3～6月
分布	日本全土

マット状に生えて地面を被う

細長い地上茎が地面をはって伸びていき、網状に広がって群落になる。地上茎が密生し「地面を縛っている」ように見える様子が名前の由来。道端や草地、石垣などでよく見られ、日当たりのよい場所なら、土が少ない厳しい環境でも生える。直径2～2.5cmの黄色い頭花を花茎《かけい》の先端に1～3個つける。頭花はタンポポと同じように舌状花《ぜつじょうか》だけの集まりで、筒状花はない。総苞《そうほう》は円柱状で、総苞片《そうほうへん》は2列に並ぶ。草丈8～15cm。葉は長さ1～3cmで卵形、長い葉柄がある。

地上茎は四方へ広がり、ところどころで根を下ろす。

オオジシバリ

へら形の葉

ジシバリより花も葉も大きい。花はよく似るが、ジシバリの葉が丸いのに対して、本種の葉は細長いへら形で切れ込みが入るので、区別できる。

サワオグルマ

【沢小車】

学名	*Tephroseris pierotii*
別名	
科名	キク科
属名	オカオグルマ属
花期	4～6月
分布	本州、四国、九州、沖縄

1 2 3 4 5 6 7 8 9 10 11 12

初めは全体に毛があるが、生長すると少なくなる。

水分たっぷりの場所がお気に入り

丸い舌状花を車に見立て「小車」と名づけられたオグルマに草全体が似て、湿地や水田など水気の多い場所に生えるのが名前の由来。茎は太く中空、草丈50～80cmになる大形の植物。春から初夏に、山里の湿地や休耕田などで群落をつくることもある。日本在来の植物だが、まるで園芸植物のように派手。頭花の直径は3.5～5cmで黄色。茎の先端に6～30個つく。よく似た仲間に、田のあぜなどに生えるオグルマ、乾燥した草地に生えるオカオグルマなどがある。

オグルマ

小さな車に見立てた花

湿地や水田のあぜに生える。放射状に並んだ花を小さな車に見立てて名づけられた。花期は7～10月。頭花は直径3～4cm。総苞片《そうほうへん》は5列に並ぶ。

ハハコグサ

【母子草】

学名	*Gnaphalium affine*
別名	ホオコグサ、オギョウ
科名	キク科
属名	ヒメチチコグサ属
花期	4～6月
分布	日本全土

柔らかな白い毛とかわいらしい筒状花《とうじょうか》

茎葉《けいよう》が柔らかな白い毛に覆われ、全体が白っぽく見える。名の由来には、白い毛が生える様子を母が子を包む姿に見立てた説や、毛が「ほうけ立つ（毛羽立つ）草」がなまった説など諸説ある。草丈15～40cm。細長いへら形の葉は、表面の白い毛のため淡い緑色に見える。茎の先に直径2～3mmの小さな頭花が、いくつかの塊になってつく。春の七草の一つで「おぎょう」と呼ばれ、若葉を七草粥や草餅などに利用した。道端や土手などで普通に見られる。

昔は草餅に使ったが、今はヨモギを使うようになった。

見てみよう

地味だけどかわいい花

ハハコグサの頭花は筒状花だけ。雌しべが筒の中から出てきて、2つに分かれるが、小さく目立たない。よく見るとかわいらしい花である。

ノゲシ

【野罌粟】

学名	*Sonchus oleraceus*
別名	ハルノノゲシ
科名	キク科
属名	ノゲシ属
花期	4～7月
分布	日本全土

古い時代に中国から入ってきたと考えられる。

葉がケシに似るが花は似ていない

葉の形がケシの仲間に似ていることが名前の由来で、主に春に咲くことからハルノノゲシと呼ばれることも多い。草丈は40～100cm。茎は太く中空で、羽状に切れ込んだ葉が茎を抱くようにつく。葉のふちには不ぞろいのとげがあるが触っても痛くない。葉も茎も柔らかく、傷つけると白い乳液が出る。茎の先に、舌状花《ぜつじょうか》でできた直径2cmほどの黄色い頭花をつける。葉とは異なり花の形はケシに似ていない。街中の道端や草むら、畑などで見ることができる。

見てみよう

葉のつけ根に注目

ノゲシの葉のつけ根はとがり、茎を抱くように伸びる。葉のふちのとげは短く、触ってもそれほど痛くない。

オニノゲシ

【鬼野罌粟】

学名	*Sonchus asper*
別名	
科名	キク科
属名	ノゲシ属
花期	4～10月
分布	ヨーロッパ原産 日本全土に帰化

大きく、荒々しく見えるノゲシ

明治時代にヨーロッパから日本に入ってきた帰化植物。同属のノゲシ（左頁）と似ているが、草丈が50～120cmで大形。葉は堅くて光沢があり、ふちには触ると痛い多数の鋭いとげをもつなど、全体的に荒々しく見えることから名がついた。また、ノゲシは茎を抱く葉の基部が後方に三角状に張り出すが、本種は丸く下向きに巻く。黄色い頭花は直径が2cmほどで、すべて舌状花《ぜつじょうか》でできていて、ノゲシよりも細い。ほぼ全国の道端や荒れ地などに自生している。

全体に大きく、とげとげしい出で立ちで目立つ。

見てみよう

とげだらけの葉

ノゲシと異なり、晩秋まで咲く。オニノゲシは葉が茎を深く抱き、茎よりも後ろの部分は下向きに伸びて巻く。葉のふちのとげは鋭い。

コウゾリナ

【髪剃菜】

学名	*Picris hieracioides* ssp. *japonica*
別名	カミソリナ
科名	キク科
属名	コウゾリナ属
花期	5～11月
分布	北海道、本州、四国、九州

茎は上部でよく枝分かれし、春～初秋に花をつける。

無精ひげのように ざらつく剛毛の感触

髪剃《こうぞり》とは剃刀《かみそり》のこと。本種の葉や茎などには、とがった赤褐色の剛毛が生え、手で触るとざらざらする。その感触が剃刀の刃のように切れそうなのが名前の由来といわれる。葉の形に変化が大きく、下部の葉は6～15cmで細長く、葉柄に翼《よく》がある。中ほどの葉は、つけ根の部分が茎を抱くように生える。草丈は0.3～1.2mで、枝先に直径2～2.5cmの黄色い頭花をつける。花の外側にある総苞《そうほう》は黒っぽい緑色で、とげが多い。山野の草地や道端に多い。

触ってみよう

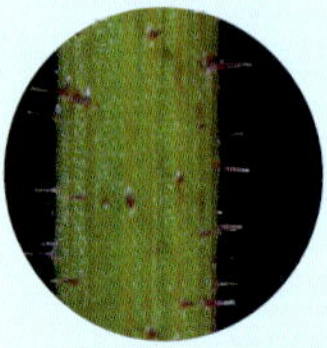

毛の先端はT字

茎を触ると、ひげそり前の短いひげのようにざらざらする。ルーペでよく見てみると、剛毛の先端が二つに分かれているのがわかる。

コメツブツメクサ

【米粒詰草】

学名	*Trifolium dubium*
別名	キバナツメクサ
科名	マメ科
属名	シャジクソウ属
花期	5～8月
分布	ヨーロッパ、西アジア原産 日本全土に帰化

1
2
3
4
5
6
7
8
9
10
11
12

荒れ地に生える黄色い小さな球形の花

道端や公園、河原などに群生する帰化植物。長さ3mmほどの黄色い花を5～20個集めた花の塊は直径7mmほどで小さい。茎はよく分岐し、地面を覆うように生える。葉は3枚1組。芝生などよく踏まれる場所にも生え、草丈は20～40cm。花が終わると、小さくしぼんでしまう。よく似たウマゴヤシは、花が終わったあとの豆果がらせん状に巻き、全体にかぎ形のとげがあるのが特徴。コメツブウマゴヤシの豆果にはとげがなく、半回転巻くのが特徴。

コメツブツメクサはシロツメクサに比べて小さい。

クスダマツメクサ

花後に茶色の玉

西アジア、アフリカ原産の帰化植物。花序はコメツブツメクサに似ているが、花が終わると、花序は茶色になり垂れて残って、縦長の球状になる。

ミヤコグサ

【都草】

学名	*Lotus corniculatus* var. *japonicus*
別名	エボシグサ
科名	マメ科
属名	ミヤコグサ属
花期	5～6月
分布	日本全土

花の形はマメ科特有の蝶形。

見てみよう

小葉は何枚？

ミヤコグサの葉は小葉3枚からなり、基部に2枚の托葉がある。よく似た帰化植物のセイヨウミヤコグサは、有毛。

都に多く自生していた烏帽子《えぼし》のような花

名前の由来には、京都に多く自生していた説、薬草名の「脈根草（ミャッコンソウ）」がなまったなど諸説ある。花の形を昔の人がかぶっていた烏帽子《えぼし》に見立てたエボシグサの別名もある。草丈は5～40cm。茎は地面をはうか斜めに立ち上がる。葉腋《ようえき》から柄を出し、鮮やかな黄色の花を上部に1～3個つける。道端や空き地、海岸などに生える。よく似た帰化植物のセイヨウミヤコグサは3～7個の花をつけ、葉の表面に毛があることで区別できる。

コナスビ

【小茄子】

学名	*Lysimachia japonica*
別名	
科名	サクラソウ科
属名	オカトラノオ属
花期	5～6月
分布	日本全土

小さなナスのような かわいらしい果実

コナスビという名前のとおり、ナスに似た小さくてかわいらしい果実をつける。平地から山地まで広く分布し、道端や草地などで見ることができる。草丈は5～20cmほどで、茎は地面をはうようにして広がっていく。先のとがった広卵形の葉は対生し、葉や茎には柔らかい毛が生えている。葉腋から短い柄を伸ばして、直径5～7mmの星形の黄色い花を1つずつつける。果実は暗い紫色で、直径5mmほどの球形。熟すと5つに裂けてたくさんの種子を出す。

葉は対生し、花は星形で黄色い。

クサレダマ

硫黄のような花色？

クサレダマは湿原に生えるサクラソウ科オカトラノオ属の植物。コナスビとは近縁種だが、クサレダマは草丈80cmにもなる大形の草。

ウマノアシガタ

【馬の脚形】

学名	*Ranunculus japonicus*
別名	キンポウゲ
科名	キンポウゲ科
属名	キンポウゲ属
花期	4～5月
分布	北海道、本州、四国、九州

のどかな田園風景を彩り、春の暖かさを感じる花。

太陽の光を浴びて黄金色に輝く花

春の野にきらきら輝く黄金色の花には暖かさを感じる。「馬の脚形」という変わった名前は、根生葉《こんせいよう》の形を馬の蹄《ひづめ》に見立てた、または花の形が蹄を傷つけないための馬のわらじに似ているからという。別名のキンポウゲ「金鳳花」は八重咲きの品種につけられた。日当たりのよい山野に生え、草丈30～70cmで、花は直径1.5～2cm。5枚の花弁は光沢があり、花弁の基部には蜜腺《みつせん》がある。キンポウゲ属の英名の総称バターカップ（butter cup）のほうがぴったりくる花だ。

見てみよう

金鳳花《キンポウゲ》という花

キンポウゲはウマノアシガタの八重咲き品種。キンポウゲ科は種類が多いが、植物図鑑に掲載されるキンポウゲの名はウマノアシガタの別名。

タガラシ

【田辛し／田枯らし】

学名	*Ranunculus sceleratus*
別名	
科名	キンポウゲ科
属名	キンポウゲ属
花期	4～10月
分布	日本全土

1
2
3
4
5
6
7
8
9
10
11
12

茎や葉の汁が皮膚につくとかぶれる

水田や湿地の水辺などに生える。名前の由来には二つの説がある。一つは田に生え、かむと独特の辛味があるからという説。しかし、有毒なので試すことができないし、葉の汁がつくとかぶれるほど。もう一つは田に生えると駆除しにくく、繁茂するとコメの収穫が悪くなるほどなので「田枯らし」という説。草丈は30～50cm。花は直径0.8～1cmで、光沢がある黄色。キツネノボタン（p148）に似ているが、本種は果実の塊が長だ円形に伸びるのが特徴。

暖地では、秋や冬に花が咲くこともある。

見てみよう

甘い蜜と花粉を交換

花弁のつけ根に、蜜を分泌する蜜腺《みつせん》がある。そこをルーペでよく観察すると、たまった蜜が水滴のように輝いて昆虫を待っているのが見える。

キツネノボタン

【狐の牡丹】

学名	*Ranunculus silerifolius* var. *glaber*
別名	
科名	キンポウゲ科
属名	キンポウゲ属
花期	4～7月
分布	日本全土

すっきりと、しっかりした姿のキツネノボタン。

見てみよう

服のボタンではない

キツネノボタンの果実は、一つ一つの先端がかぎ形をした、たくさんの果実が集まってできた集合果で、全体に扁平な球形をしている。

金平糖《こんぺいとう》のような果実

葉の形が園芸種のボタンの葉に似ているため、名前にボタンがついた野草は多い。本種もその一つで、服のボタンは関係がない。田や水辺の近くなど、少し湿ったところに多く生えている。花弁は5枚で直径1～1.5cmで小さい。草丈は30～60cmになり、葉は3小葉からなる複葉。花のあとは多数の果実が集まった集合果となり、金平糖のような形になる。一つ一つの果実は花柱の部分が著しく曲がっているので、この形でケキツネノボタン（右頁）との区別ができる。

ケキツネノボタン

【毛狐の牡丹】

学名	*Ranunculus cantoniensis*
別名	
科名	キンポウゲ科
属名	キンポウゲ属
花期	3～7月
分布	本州、四国、九州、沖縄

田んぼのあぜや湿地で長い期間見られる

少し湿った川沿いの道を歩くとき、この花は春早くから梅雨のころまで次々に花を咲かせて出迎えてくれる。キツネノボタン（左頁）同様、葉の形はボタンに似ている。草丈40～60cmで、茎は白い毛が目立つ。葉は3小葉からなる複葉で鋸歯が鋭くとがる。花は直径1.2cmほどでキツネノボタンに似る。果実は集合果で、一つ一つの果実はとがり、先端はあまり曲がらずにとげとげした感じがする。キツネノボタンの集合果が扁平なのに対し、本種は細長い球形で異なる。

梅雨のころまで次々と花を咲かせている。

見てみよう

小さなとげがたくさん

毛が少ないキツネノボタンに対し、ケキツネノボタンはその名のとおり毛が多いという特徴がある。果実の先端はキツネノボタンほど曲がらない。

ヤマブキソウ

【山吹草】

学名	*Hylomecon japonica*
別名	クサヤマブキ
科名	ケシ科
属名	ヤマブキソウ属
花期	4～6月
分布	本州、四国、九州

ヤマブキに似た鮮やかな黄色い花をつける。

山野を明るく鮮やかに彩る

山吹色の語源になったのはバラ科のヤマブキの花だが、このヤマブキの花に色や形が似ていることが名前の由来。ヤマブキの花は5弁だが、ヤマブキソウは4弁で大きく、山野の林の中で群生する。学名の *Hylomecon* はギリシャ語で「森のケシ」を意味する。鮮やかな黄色い花が林全体を明るくして印象的だ。花は直径4～5cmで、草丈は30～40cmになる。茎や葉を切ると黄色い乳液が出る。全草にアルカロイドを含み、クサノオウ(右頁)同様、薬用にしている。

見てみよう

花は同じでも葉が違う

ヤマブキソウの仲間の葉は普通だ円形だが、まれに深く切れ込むものがあり、セリバヤマブキソウと呼ばれる。

クサノオウ

【草の黄、瘡の王】

学名	*Chelidonium majus* ssp. *asiaticum*
別名	
科名	ケシ科
属名	クサノオウ属
花期	4～7月
分布	北海道、本州、四国、九州

日当りのよい低地に咲く役に立つ野草

この草を見ると春のイメージのようにふんわりとした感じがする。茎やつぼみに縮れた毛が多くついていて白っぽく見えるからだ。クサノオウという聞きなれない名前の由来ははっきりしないが、茎や葉を切ると出てくる黄色い乳液（有毒）から「草の黄」、また皮膚病の薬や鎮痛剤、消炎剤に使うため「瘡の王」との説もある。2cmほどの鮮やかな黄色い花が数個まとまって咲き、草丈30～80cmになる。種子には脂肪やたんぱく質に富む物質がついていてアリが好む。

黄色い花が数個のまとまりで咲いている。

注意しよう

毛深いクサノオウ

茎を切ると、黄色い乳液を出す。これに触るとかぶれることもあるので、触らないようにしよう。毛深い茎を触る程度にしておこう。

ネコノメソウ

【猫目草】

学名	*Chrysosplenium grayanum*
別名	
科名	ユキノシタ科
属名	ネコノメソウ属
花期	4～5月
分布	北海道、本州、四国、九州

ネコノメソウの仲間では珍しく大群落になる。

裂けた果実がネコの目に見える？

山道の湿ったところや谷間などに多く生える。草丈は5～20cmで葉は対生し、茎は横に寝て途中から根を出す。花は小さく2mmほどで雄しべは4個。花の周りの苞葉《ほうよう》も黄色を帯び、スポットライトを浴びたように花の部分が目立っている。「猫の目」という名前は、果実が裂けたところが猫の目のように見えることに由来する。種子は雨粒に当たって飛び出す。ほかにもヤマネコノメソウ、ヨゴレネコノメ、ハナネコノメなど個性的な猫の目がそろっている。

見てみよう

熟した実の形に注目

果実が裂けてたくさんの小さな種子が入っている様子が猫の目のように見える、というのだが、それほど似ているとは思えない。

ネコノメソウいろいろ

ヤマネコノメソウ
葉は互生。葯《やく》は黄色で８個。

ハナネコノメ
葯は赤褐色で８個。水辺に生える。

ヨゴレネコノメ
葯は暗赤色。葉に複雑な模様あり。

コガネネコノメ
黄色い萼片《がくへん》が立って箱形になる。

イワボタン
葯は黄色で８個。花期に根生葉《こんせいよう》がある。

ニッコウネコノメ
葯は紅色で萼片は平らに開く。

ミヤマキケマン

【深山黄華鬘】

学名	*Corydalis pallida* var. *tenuis*
別名	
科名	ケシ科
属名	キケマン属
花期	４～５月
分布	本州（近畿地方以東）

近畿地方以東の明るい山野に生える。葉や茎にはアセチレンガスのようなにおいがする。草丈20～45cm。黄色で筒状の花は長さ2～2.3cm。海岸には大形のキケマン、中部地方以西にはフウロケマンが生える。

キジムシロ

【雑蔫】

学名	*Potentilla fragarioides* var. *major*
別名	
科名	バラ科
属名	キジムシロ属
花期	4～5月
分布	日本全土

丸くかたまって咲いている様子がよくわかる。

キジが座る？ 黄色い飾りの座布団

雑木林の下や林縁《りんえん》に生え、丘陵などにも多く見られる。地面に円状に広がっている株は座布団のよう。小さな黄色い花が飾りになり、温かそうで座ってみたくなる。これをキジが座るむしろに見立てたユニークな名前だ。茎につく葉は3枚だが、根元の葉は5～9枚の小葉からなるので、ミツバツチグリと区別できる。草丈は5～30cm、花は1～1.5cm程度。はっていく枝は伸ばさないが、株全体が広がっているように見え、花の後の葉は大きくなる。全体に粗い毛がある。

見てみよう

たくさんの葉

キジムシロとミツバツチグリの花はよく似ており、葉で見わける。キジムシロの小葉は5～9枚で、ミツバツチグリの小葉は3枚。

ミツバツチグリ

【三葉土栗】

学名	*Potentilla freyniana*
別名	
科名	バラ科
属名	キジムシロ属
花期	4～5月
分布	日本全土

その名のとおり三つ葉がポイント

黄色い花の仲間はどれも同じように見えてなかなか区別しにくい。小葉の数や地面をはって伸びていく枝があるかどうかをよく確かめてみよう。本種は日当たりのよい山野に多く見られる。黄色い花は直径1.5～2cmで花弁は5枚。草丈は15～30cm程度。地面をはう枝を伸ばして広がる。地下には肥大した根茎《こんけい》があるが、食べられない。小葉が3枚あり、同属のツチグリ（土栗）に似るところから名づけられた。ツチグリは西日本に多く、小葉が3～7枚で根茎は食べられる。

小葉の3枚がよく目立ち、地面をはう枝を伸ばす。

見てみよう

濃緑で光沢がある葉

ミツバツチグリなどキジムシロ属の植物の花はどれも似ている。見わけるポイントは葉の形。ミツバツチグリの小葉は3枚で長い。

ヘビイチゴ

【蛇苺】

学名	*Potentilla hebiichigo*
別名	
科名	バラ科
属名	キジムシロ属
花期	4～6月
分布	日本全土

1
2
3
4
5
6
7
8
9
10
11
12

じゅうたんのように地面を覆いながら増えていく。

日当りのよい野原や道端などに生える

名前の由来は、蛇がいるような湿った場所に咲くからとか、果実を蛇が食べるからという説があるが、はっきりしない。実際には蛇は果実を食べない。茎は地面をはいながら覆っていく。3枚の小葉で1枚の葉を形づくっている。黄色い花の直径は1.2～1.5cm。花弁の下には、緑色の5枚の萼片《がくへん》が目立つ。紅色の果実は、表面のつぶつぶに細かいしわがある。よく似たものに小葉が5枚のオヘビイチゴ（右頁）、小葉が3枚で果実にしわがないヤブヘビイチゴがある。

食べてみよう

おいしくないイチゴ

毒がありそうな名前だが、果実は無毒で食べられる。ただ、甘みがなく、すかすかしていて味は今一つ。試してみよう。表面に凹凸としわがある。

オヘビイチゴ

【雄蛇苺】

学名	*Potentilla anemonifolia*
別名	
科名	バラ科
属名	キジムシロ属
花期	5～6月
分布	本州、四国、九州

名前はイチゴでも赤い果実はできない

ヘビイチゴ（左頁）に似て大形ということから「雄」という接頭語がついた。水田など湿り気の多いところに生える。花は小さく8mm程度で、茎の上のほうに集まって咲く。葉は5枚の小葉からなり、ぱっと手を広げたように開くが、茎の上部では3枚のものもある。名前にイチゴとついてもヘビイチゴやヤブヘビイチゴとは異なり、赤い果実はできない。花の後は膨らまず、果実は小さな褐色のものが集まって目立たず、果物のイチゴには程遠い。

湿ったところに生え、5枚の小葉が目立っている。

見てみよう

5枚の葉

キジムシロ属の黄色い花はどれもよく似ている。このため、見わけるポイントは葉になる。オヘビイチゴの小葉は5枚だ。

ノウルシ

【野漆】

学名	*Euphorbia adenochlora*
別名	
科名	トウダイグサ科
属名	トウダイグサ属
花期	4～5月
分布	北海道、本州、四国、九州

1
2
3
4
5
6
7
8
9
10
11
12

総苞葉も含めて黄色い花のように見える。

豊かな自然が残る場所に群生

川べりや湿地に生え、群生地では、明るい黄色の花が咲き広がり、灯りをともしたようで見事だ。名前は野に生えるウルシの意味で、草を切ると出てくる乳液がウルシのようにかぶれることがあるため名づけられたが、ウルシとはまったく異なる植物である。茎の先に5枚の葉が輪生し、葉腋から放射状に枝を出して花序をつけ、総苞葉《そうほうよう》も黄色で全体で一つの花のように見える。草丈は30～60cmになる。果実は、いぼ状の突起のある巾着袋がぶら下がったように見える。

見てみよう

大群落になる

自然豊かな湿原や河原などでは大群落になることもある。茎が折れたところから出る乳液に触れるとかぶれることもあるので注意しよう。

トウダイグサ

【燈台草】

学名	*Euphorbia helioscopia*
別名	スズフリバナ
科名	トウダイグサ科
属名	トウダイグサ属
花期	4～6月
分布	本州、四国、九州、沖縄

トウダイグサ属特有の特徴的な花の形

日当たりのよい道端や畑に生える。昔、皿に菜種油を入れ、そこに灯心を置いて明かりを灯した。本種の丸い花序をこの燈台の皿に例えたのが名前の由来で、海の灯台ではない。黄色くなり花のように見える部分の直径は6～10cm。本種は花の形が特徴的で、苞《ほう》の中に杯状の花序がある。この花をよく観察すると、花はつぼ形で、大きな丸い子房がある雌花を数個の雄花が囲み、花弁のように見えるだ円形の腺体（蜜を出す部分）が目立つ。果実は球状で、熟すと3裂する。

明るい黄色の花を見ると、名前の由来がよくわかる。

チャボタイゲキ

花や葉は小さい

地中海沿岸原産の帰化植物。全体に無毛。暖地では冬も緑が残り、早春から晩秋まで花を咲かせている。腺体は三日月形。草丈 20～35cm。

キンラン

【金蘭】

学名	*Cephalanthera falcata*
別名	
科名	ラン科
属名	キンラン属
花期	4～6月
分布	本州、四国、九州

キンランは豊かな自然が残っている指標になる。

見てみよう

複雑なつくりの花

いつも半開きのキンランの花は、よく見てみると唇弁や側花弁からなる複雑な形状をしている。唇弁の中にはすじ状の模様がある。

春の雑木林を象徴する黄色いラン

春の雑木林の林床に、黄色く目立つ花が咲く。自然が豊かな里山に生えるが、その美しさゆえに栽培目的で乱獲され、里山の開発などにより生息域が狭められ野生のものは少ない。大きさには変異が大きく、草丈40～80cm。直立した茎の先に鮮やかな黄色い花が3～10個つく。花は半開きの状態で咲き、花色を金に見立てて名前がつけられた。花の下の細長い部分は花柄ではなく子房で、熟すと細長い果実になる。葉の長さは8～15cmで、縦に入る葉脈が目立つ。

キショウブ

【黄菖蒲】

学名	*Iris pseudacorus*
別名	
科名	アヤメ科
属名	アヤメ属
花期	5～6月
分布	ヨーロッパ原産 北海道、本州、四国、九州に帰化

黄色いアヤメの仲間は要注意外来植物

ヨーロッパから西アジア原産の帰化植物。水湿地に群生し、大ぶりの黄色い花がよく目立つ。日本にはアヤメの仲間で黄色い花のものはなく、明治時代に園芸用に本種が渡来すると人気となって各地で植えられ、野生化した。カキツバタなど絶滅危惧植物への影響が懸念されるため、要注意外来植物にリストアップされている。草丈は50～100cmで、葉も花茎《かけい》も同じくらいの長さに伸びる。花の後にだ円形の果実ができ、熟すと3つに裂けて中から種子が出てくる。

鮮やかに水辺を彩るが、要注意外来植物である。

かいでみよう

葉だけショウブ似

端午の節句の菖蒲湯はよい香りがする。これはサトイモ科のショウブの葉を入れたもの。アヤメ科のショウブは葉が似ているが香りはあまりない。

カタバミ

【傍食】

学名	*Oxalis corniculata*
別名	
科名	カタバミ科
属名	カタバミ属
花期	5～7月
分布	日本全土

1 2 3 4 5 6 7 8 9 10 11 12

シュウ酸を含んでいるので、かむと酸っぱい。

アカカタバミ

乾燥地に生える

葉が暗紅紫色で、花の内側中心部に濃い橙色の模様があるものをアカカタバミという。荒れ地やコンクリートの割れ目など明るい環境を好む。

ハート形の葉が開いたり閉じたり

道端や庭に生える身近な草。植物は動かないと思われがちだが、本種はよく動く。毎日夕方になると葉を閉じ、朝になるとまた開く。曇りの日も葉を閉じる。葉はハート形の小葉3枚からなり、5弁の黄色い花が咲く。閉じている状態の葉や、ハート形の小葉の端（傍ら）の一部が虫食いのように欠けて見えるので、「片側（傍ら）を食《は》まれたよう」なのが名前の由来といわれる。細長い果実が結実し、熟すと乾燥して5つに裂け、種子がはじけるように飛び出す。

オッタチカタバミ

【おっ立ち傍食】

学名	*Oxalis dillenii*
別名	
科名	カタバミ科
属名	カタバミ属
花期	4～11月
分布	北アメリカ原産 本州、四国、九州（北部）に帰化

茎が立ち上がる点で、カタバミと見わけられる。

1
2
3
4
5
6
7
8
9
10
11
12

茎が「おっ立つ」カタバミ

1960年代から分布を広げるようになった北米原産の帰化植物。同属のカタバミ（左頁）とよく似ているが、カタバミが地面をはって広がるのに対し、本種は茎が立ち上がることが名前の由来。本種のほうが全体的に白い毛が多く、托葉《たくよう》が目立たないことでも区別できる。草丈は10～50cmになり、ハート形の小葉が3枚合わさってできた葉が密集するようについている。黄色い花は直径1～1.5cmで花弁は5裂する。道端や畑などで普通に見られる。

触ってみよう

金属磨きができる

カタバミの仲間は、葉にシュウ酸を多く含んでいる。このため、カタバミの葉をもんで古い十円玉を磨くとピカピカになる。

コマツヨイグサ

【小待宵草】

学名	*Oenothera laciniata*
別名	ヨイマチグサ
科名	アカバナ科
属名	マツヨイグサ属
花期	5～10月
分布	北アメリカ原産 日本全土に帰化

1 2 3 4 5 6 7 8 9 10 11 12

根元から分かれた茎が一面に広がることがある。

夜咲いて宵を待つ草

北米原産の帰化植物。夕方に花が咲くマツヨイグサの仲間で、小さい花をつけることから名がついた。直径2～3cmの花は淡黄色で、薄い4枚の花弁がある。昼まで咲くこともあり、しぼむと赤みを帯び、2色の色合いを楽しめる。ほかのマツヨイグサと異なり、茎が根元から分かれて地面をはって広がるのが特徴で、草丈は20～60cmになる。葉には羽状に裂けるものやふちが波打つものなど変異が多い。海岸の砂地やその近くの草地、河原でよく見られる。

触ってみよう

糸を引く花粉

花粉同士は粘って糸を引く。蜜を吸いにきたガなどの昆虫について別の花の雌しべにくっつくという繁殖戦略だ。

メマツヨイグサ

【雌待宵草】

学 名	*Oenothera biennis*
別 名	
科 名	アカバナ科
属 名	マツヨイグサ属
花 期	6～9月
分 布	北アメリカ原産 日本全土に帰化

夜目にも鮮やかな黄色い花

道端や河原に生える帰化植物。夕方に咲き始め、朝になるとしぼむので、宵を待つ草として名前がつき、さらにオオマツヨイグサより小さいことから名前に雌がついた。花の直径は2～5cmで黄色く、しぼんでも黄色のまま。花弁は4枚。草丈は0.5～1.5m。全体に粗い毛が生えており、触るとざらざらした感じがする。花弁の間に透き間があるものをアレチマツヨイグサと呼ぶこともある。ツキミソウと呼ばれることもあるが誤り。ツキミソウの花は白い。

夜になると、スズメガなどのガが蜜を吸いにくる。

見てみよう

花も紅葉も楽しめる

秋になると、長さ4cmほどの棒状の果実が目立ち、葉は紅葉する。しかしよく見ると、夏には、すでに下部の葉の紅葉が始まっている。

オオキンケイギク

【大金鶏菊】

学名	*Coreopsis lanceolata*
別名	
科名	キク科
属名	キンケイギク属
花期	5～7月
分布	北アメリカ原産 ほぼ日本全土に帰化

初夏から夏、花が咲いて群生する景観は見事。

道端にも生える 非常に剛健な多年草

明治の中ごろに日本にやってきて、観賞用に栽培された。高速道路沿いなどによく植栽されたが、現在では野生化している。種子を飛ばしてどんどん増えていき、海岸や河川敷などでしばしば大群落をつくる。花の直径は5～7cmで、筒状花《とうじょうか》と舌状《ぜつじょう》花《か》ともに鮮黄色。果実は平らなだ円形で黒い。草丈は30～70cmで、茎葉《けいよう》には毛がある。茎の葉は長だ円形～線針形。葉は茎のつけ根付近に集まり、長い葉柄がある。3～5枚の小葉が集まって1枚の葉を形づくっている。

ホソバハルシャギク

似た花が多い

葉が根元から出るオオキンケイギクに似た花に、茎の根元に葉がほとんどないホソバハルシャギク、花の中央が橙色のハルシャギクがある。

ツルマンネングサ

【蔓万年草】

学名	*Sedum sarmentosum*
別名	
科名	ベンケイソウ科
属名	マンネングサ属
花期	4～7月
分布	朝鮮、中国原産 日本全土に帰化

夏、黄色い花のカーペットが見事

中国、朝鮮原産とされる古い時代の帰化植物。川の堤防や石垣、草地などに生え、都市周辺に多い。春の終わりごろに、黄色い星形の花が咲く。花は直径1～1.5cmで、雄しべの葯《やく》は橙赤色。日本では結実することはほとんどない。花の咲き始めはつるが少なく、花が満開のころ、一斉に地面をはうように淡紅色でつる状の地上茎を長く伸ばす。おもに地面をはうが、立ち上がると草丈20cm程度になる。茎からは、3枚の扁平な多肉質の葉が輪生する。

普段は目立たないが、黄色い花が咲くと目立つ。

食べてみよう

韓国では春の山菜

韓国では、春、ツルマンネングサの葉を和え物（ドルナムルという料理名）にして食べるが、日本では食用にすることは少ない。

サワギク

【沢菊】

学名	*Nemosenecio nikoensis*
別名	ボロギク
科名	キク科
属名	サワギク属
花期	6～8月
分布	北海道、本州、四国、九州

周りに並ぶ舌状花は10～14個つく。

茎の上部でよく枝分かれして咲く

名は沢に咲くキクという意味で、山地の沢沿いや林のふちなど、やや暗めの湿った場所に自生している。ボロギクという別名は、花の後にできる果実の綿毛を、ぼろくずをまとう姿に例えたことから。草丈は60～90cm。先端で分岐した茎の先に、直径1.2cmほどの小さな黄色い頭花をたくさんつける。花の中心はたくさんの筒状花《とうじょうか》で、その周りに細長い舌状花《ぜつじょうか》がぐるりと並び、素朴でかわいらしい花だ。細かく深い切れ込みがある薄い葉は、繊細な感じがする。

触ってみよう

ふわふわの綿毛

サワギクの別名はボロギク。綿毛がぼろに見えるというのが別名の由来だが、それほど汚いような感じではない。ノボロギクなどの名前も同じ理由。

オオブタクサ

【大豚草】

学名	*Ambrosia trifida*
別名	クワモドキ
科名	キク科
属名	ブタクサ属
花期	8～9月
分布	北アメリカ原産 北海道、本州、四国、九州に帰化

花粉症の原因として嫌われる

北米原産の帰化植物で、1950年代に日本に渡って来たものが急速に分布を広げた。名は英語名（hogweed）を直訳したもので、同属のブタクサより大きく草丈2～3ｍまで育つ。別名のクワモドキは、葉の形が樹木のクワに似ることによる。掌状に裂けた葉は対生して、上部で枝分かれした茎の先に穂状の雄花を長くつけ、その下の葉腋《ようえき》に雌花をつける。多量の黄色い花粉を飛ばして繁殖する風媒花《ふうばいか》で、花粉症の原因物質として悪名高い嫌われ者。道端や空き地などで群生する。

茎の先に大きな花の穂をつける。

見てみよう

背丈よりも大きくなる

人の背丈よりも大きくなるオオブタクサ。よく似たブタクサとの違いは、葉が手のひらのように大きく深く切れ込むところ。

ブタナ

【豚菜】

学名	*Hypochaeris radicata*
別名	タンポポモドキ
科名	キク科
属名	ブタナ属
花期	6～11月
分布	ヨーロッパ原産 日本全土に帰化

1 2 3 4 5 6 7 8 9 10 11 12

河原や空き地の草地で、大群落になることもある。

見てみよう

綿毛の下も見よう

果実をルーペでよく見てみると、とげ状の突起がたくさん生えていることがわかる。果実の上部は長く伸び、冠毛につながっている。

名前はブタでも花は美しい

ヨーロッパ原産の帰化植物。名前の由来は「ブタに食べさせる菜」や、仏語俗名から、などの説がある。花茎が低い株は遠目に見るとタンポポのようだが、よく見ると花茎《かけい》は枝分かれし、全体に毛が生えているのですぐに本種とわかる。花茎の高さは20～70cmで、1つの花茎に1～3個の花序がつく。頭花の直径は3～4cm。葉はすべて根元から生え、切れ込みが深いものから、ほとんどないものまで変化が大きい。草地や道端、芝生などに普通に生える。

ヤクシソウ

【薬師草】

学名	*Crepidiastrum denticulatum*
別名	
科名	キク科
属名	アゼトウナ属
花期	8～11月
分布	北海道、本州、四国、九州

薬用に利用されなくても薬師草

名前の由来には、薬師如来信仰や、食べると苦いため薬効があるように思われたなど諸説あるが、薬用に利用されることはあまりない。草丈は30～120cmで、茎につく葉は互生し、基部は茎を抱く。茎や葉を傷つけると白い乳液が出る。上部で枝分かれした茎の先や葉のつけ根に、12個前後の黄色い舌状花《ぜつじょうか》がぐるりと並んだ頭花をたくさんつける。直径1.5cmほどの頭花は上向きに咲くが、咲き終わると下を向く。日当たりのよい山野の草むらや道端などに生える。

茎は赤紫色を帯びることもある。

見てみよう

葉を見る

海岸近くにはアゼトウナ、ホソバワダンなど似た花が多いので葉で見わける。ヤクシソウは葉の基部が茎を抱く。

アキノノゲシ

【秋の野罌粟】

学名	*Lactuca indica*
別名	
科名	キク科
属名	チシャ属
花期	8～11月
分布	日本全土

1 2 3 4 5 6 7 8 9 10 11 12

花は昼に咲いて夕方にはしぼむ。

春のノゲシとは別属 秋に咲くノゲシ

春に咲くノゲシ（ハルノノゲシ）に似て秋に咲くことが名前の由来だが、両種は属が異なる。姿は大きいが、舌状花《ぜつじょうか》がきれいに円形に並んだクリーム色の花はかわいらしい。草丈は1～2m。茎の上部にだ円形の葉がつき下部の葉は羽状に裂けるが、変異が多い。葉は互生し、基部はノゲシと異なり茎を抱かない。茎や葉を傷つけると白い乳液が出る。茎は枝分かれして、上部に直径2cmほどの頭花をたくさんつける。日当たりのよい草むらや土手、道端でよく見られる。

見てみよう

葉には変化が大きい

アキノノゲシの葉は写真のように切れ込みの多いものが一般的だが、たまに切れ込みがないものがあり、これをホソバアキノノゲシと呼ぶ。

アキノキリンソウ

【秋の麒麟草】

学名	*Solidago virgaurea* ssp. *asiatica*
別名	アワダチソウ
科名	キク科
属名	アキノキリンソウ属
花期	8～11月
分布	北海道、本州、四国、九州

花がぼさぼさとした感じに集まる

ベンケイソウ科のキリンソウと花が似ていて、秋に咲くのが名前の由来。別名のアワダチソウは、花が密に泡立つようにつくことに由来する。草丈は20～80cmで、下部には卵形、上部には細い葉が互生する。茎は上部で枝分かれして、先端に直径約1.5cmの鮮やかな黄色の頭花が集まって咲く。1つの頭花は外側の4～6個の舌状花《ぜつじょうか》と中心の筒状花《とうじょうか》からできていて、花の集まり全体は、ぼさぼさとした感じに見える。日当たりのよい山地の草地や、林の周りなどに生える。

セイタカアワダチソウが増え、少なくなった。

見てみよう

こんなに違う

同一種なのに背が高かったり、低かったり、細かったり、太かったり、非常に変化が大きい。しかし、一つ一つの花の大きさは同じである。

キンミズヒキ

【金水引】

学名	*Agrimonia pilosa* var. *japonica*
別名	
科名	バラ科
属名	キンミズヒキ属
花期	7～10月
分布	北海道、本州、四国、九州

長く伸びる花序に、黄色い花が密集して咲く。

夏の野山に咲き 長い花序が揺れる

長い花序に花が密集して咲く様子が花色が紅白のミズヒキ（p210）に似ていて、黄色いことから「金水引」と名づけられた。しかし、バラ科の本種に対し、ミズヒキはタデ科で分類上は近縁種《きんえんしゅ》ではない。花の直径は7～10mmで、花弁はだ円形で幅広く、雄しべは11～13本ある。葉は奇数羽状複葉で5～9枚の大小の小葉が集まって1枚の大きな葉を形成している。草丈は30～80cmで、野山の林縁や草地、道端などに普通に生える多年草。

見てみよう

分布を広げる仕組み

果実には、釣針のような形をした硬い毛が多数生える。この毛の先端にあるカギ爪によって、種子が衣服や動物の毛にひっつき、遠くへ運ばれる。

ヒメキンミズヒキ

【姫金水引】

学名	*Agrimonia nipponica*
別名	
科名	バラ科
属名	キンミズヒキ属
花期	8～9月
分布	北海道（西部・南部）、本州、四国、九州、屋久島

1
2
3
4
5
6
7
8
9
10
11
12

小さくほっそりしたキンミズヒキ

ミズヒキ（p210）が名前の由来で同属のキンミズヒキ（左頁）に比べて、花が小さく全体的にほっそりしているのが名前の由来。草丈は30～60cm。葉は3～7枚の小葉からなる複葉で、上の3枚は大きく下の葉は小さい。茎の先の花序には、5枚の細い花弁をもつ直径5～7mmの黄色い花がキンミズヒキよりもまばらな感じでつく。雄しべの数はキンミズヒキが10～13本に対して、本種は5～6本と少ない。山地の林床や沢沿いなど日陰に生える。

茎は細く、毛も少ない。

見てみよう

小さな葉を見る

ヒメキンミズヒキは、葉柄のつけ根にある托葉《たくよう》が小さく、小葉は3～5枚。キンミズヒキは托葉が大きく、小葉が3～9枚と多い。

ダイコンソウ

【大根草】

学名	*Geum japonicum*
別名	
科名	バラ科
属名	ダイコンソウ属
花期	6～8月
分布	北海道、本州、四国、九州

黄色い花の直径は 1.5 ～ 2 cm ほど。

根生葉《こんせいよう》がダイコンに似ている

根生葉に羽状の切れ込みがたくさんあり、ダイコンの葉と似ていることが名前の由来。茎につく葉は、3つに裂けるものから切れ込みのないものまである。草丈は 20 ～ 60cm で、枝分かれした先に5枚の丸みのある花弁がついた黄色い花がまばらにつく。花には多数の雌しべと雄しべがあり、花が終わると、多数の子房が発達して球状の果実になる。果実にはかぎ状のとげがあり、これで人や動物にくっついて運ばれる。山地の道端や林縁などに生える。

見てみよう

曲がった雌しべ

花が終わったころ、残っている長く伸びた雌しべを見てみよう。途中で急角度に曲がっている。これがダイコンソウの特徴の一つである。

キツリフネ

【黄釣舟】

学名	*Impatiens noli-tangere*
別名	
科名	ツリフネソウ科
属名	ツリフネソウ属
花期	6～9月
分布	北海道、本州、四国、九州

黄色い花のツリフネソウ

山地の渓流沿いや湿地に生える。花の形が帆掛け船を吊り下げたように見えることから名づけられたツリフネソウ（p311）と同じ仲間で、花は淡黄色。草丈は40～80cmで全体に毛はなく、葉質は薄く粉白緑色をしている。花は3～4cmのほら貝形で花柄にぶら下がる。花弁のような袋状の萼片《がくへん》の基部が距《きょ》となるが、ツリフネソウのように先が巻かない。果実はツリフネソウ同様に熟すとちょっとした刺激で弾けて種子が飛ぶ。園芸種のホウセンカも同じ仕組み。

山地の湿ったところに群生している。

キバナアキギリ

秋の野山の黄色い花

秋の野山では、湿度の高い場所にはキツリフネが咲き、乾いた場所にはキバナアキギリが多い。花は筒状で先端が上唇と下唇に分かれる。

オトギリソウ

【弟切草】

学 名	*Hypericum erectum*
別 名	
科 名	オトギリソウ科
属 名	オトギリソウ属
花 期	7～9月
分 布	日本全土

怖い名前の由来とは裏腹に、優しい感じの花が咲く。

名前に秘められた兄弟の伝説

その昔、兄弟の鷹匠がタカの治療薬としてオトギリソウを使い、二人だけの秘密にしていた。ところが弟は秘密を他人に漏らしてしまう。怒った兄は弟を斬り、その血しぶきが葉にかかって黒点になった、という伝説を基に名づけられた。葉や花に小さな黒点が散らばるが、これは色素を含む油点。本種は薬用になり、葉を油に浸したものを傷薬などに使う。草地や田のあぜなどに生え、草丈は15～30cm。花弁5枚の黄色い花の中央には、多数の雄しべが伸びる。

見てみよう

葉を透かして見る

表面からはよく見えないが、葉を光に透かしてみると小さな黒点が葉の全面に現れる。明るい点があることもある。

コケオトギリ

【苔弟切】

学名	*Hypericum laxum*
別名	
科名	オトギリソウ科
属名	オトギリソウ属
花期	7～9月
分布	日本全土

花は小さく数が少ないので繊細な雰囲気

本種はオトギリソウ（左頁）の仲間で、花が特に小さい。花の直径は5～8mmで、草丈も通常は3～10cmで低い。しかし、苔と名づけられるほど小さいわけではなく、やぶに覆われそうになると高さ30cm程度まで伸びることもある。花弁は5枚で、雄しべは5～10個あり、雌しべが1本長く伸びる。長さ約7mmの卵形の葉には、ほかのオトギリソウと違って黒点はなく、極小の明るい点だけがある。秋には紅葉することもあり、果実も朱色で目立つ。

湿気の多い田のあぜや、草地などに生える。

ヒメオトギリ

小さいオトギリソウ

よく似ているヒメオトギリは、葉の形が細長く、雄しべは10～20個。コケオトギリの葉は丸みがあって、雄しべは5～10個なので見わけられる。

タンキリマメ

【痰切豆】

学名	*Rhynchosia volubilis*
別名	
科名	マメ科
属名	タンキリマメ属
花期	7～9月
分布	本州（関東地方以西）、四国、九州、沖縄

花は夏から秋にかけて次々に咲く。

見てみよう

豆のさやが最も美しい

タンキリマメは冬になると豆がはじける。豆のさやは半透明で真紅。逆光で透かすとさらに美しい。果実はトキリマメ（右頁）によく似ている。

二色効果のある美しい果実

秋になると赤い果実のさやが割れて、中に2個の黒い種子が見え、緑色の葉との3色の組み合わせがとても美しい。江戸時代の文献にも登場するつる植物で、痰を取り除く民間療法に使用したことから名がついたといわれるが、薬効は不明。茎はつるになり、3枚の丸みのあるひし形の小葉をもつ複葉が互生する。葉腋から花茎《かけい》を伸ばして、長さ1cmほどの黄色い蝶形の花が咲く。秋に実る豆果は長さ1～2cm。日当たりのよい草地や林縁などで見られる。

トキリマメ

学名	*Rhynchosia acuminatifolia*
別名	オオバタンキリマメ
科名	マメ科
属名	タンキリマメ属
花期	7～9月
分布	本州（関東地方以西）、四国、九州

葉と豆が大きいタンキリマメ

名前は、葉先がとがる「とがり豆」がなまったという説があるがはっきりしない。別名のオオバタンキリマメは、タンキリマメと似て葉が大きいという意味。つる植物で、茎を伸ばしてほかの植物にからみつく。タンキリマメ（左頁）に似ているが、葉と豆果が少し大きく、葉の先はよりとがった形。また、全体的に毛が多い点でも区別できる。豆果の色はタンキリマメと同じで赤と黒。夏から秋にかけて黄色い蝶形の花をつける。山地の草地や林縁などに生える。

茎は左巻きで、褐色の毛に覆われている。

見てみよう

冬枯れに美しい豆のさや

赤と黒。冬枯れのあまり色のない季節に、トキリマメの豆のさやは赤く、豆はつやのある黒で美しい。タンキリマメの果実とよく似ている。

ノササゲ

【野豇豆】

学名	*Dumasia truncata*
別名	キツネササゲ
科名	マメ科
属名	ノササゲ属
花期	8～10月
分布	本州、四国、九州

淡黄色の蝶形花が連なる花序がぶら下がる。

キツネに化かされたように似て見える

食用になるササゲに似て野に生えることが名前の由来。別名のキツネササゲは、キツネに化かされたように似て見えるからという説がある。ほかの草にからみついて広がるつる植物で、小葉3枚の複葉が茎に互生する。葉腋《ようえき》から、長さ1.5～2 cmの淡黄色の蝶形花が集まる花序がぶら下がる。長さ2～5 cmの豆果が、秋に美しい紫色に熟して目立つ。さやが割れると中から3～5個のブルーベリーのような濃藍色の種子が出てくる。山地のやぶや、林縁などで見られる。

見てみよう

派手な色の豆

ノササゲの花が終わると豆果ができる。このさやが自然界ではあまり見られないような紫色をしている。中の豆（種子）は濃藍色をしている。

ヤブツルアズキ

【藪蔓小豆】

学名	*Vigna angularis* var. *nipponensis*
別名	
科名	マメ科
属名	ササゲ属
花期	8～9月
分布	本州、四国、九州

食用には向かない アズキの原種

栽培種のアズキの原種といわれているつる植物。さやの中に入っている種子（豆）は、アズキをそのまま小さくしたようだが、食用には適さない。つるの長さは3mを超え、全体に粗い毛が目立つ。葉は卵形をした小葉3枚からなる複葉で、先がとがっている。葉腋《ようえき》から花序を出し、その先に長さ2cmほどの黄色い蝶形花が集まってつく。豆果は長さが4～9cmの細長い筒状で、中には種子が10個前後入っている。草むらや林縁などで見られる。

花はレモンの色のような、さわやかな色。

ノアズキ

豆の形

ノアズキとヤブツルアズキの花はそっくりなので、両種は果実の形で見わける。ノアズキは扁平な豆果で、ヤブツルアズキは長い棒状。

キバナカワラマツバ

【黄花河原松葉】

学名	*Galium verum* ssp. *asiaticum*
別名	
科名	アカネ科
属名	ヤエムグラ属
花期	7〜8月
分布	日本全土

葉の長さは2cmほどで細長い。

見てみよう

黄色い十字形

遠くから見ただけでは、ただの黄色い花の塊。しかしよく見ると、一つ一つは小さいが、4裂したきれいな十字形の花だ。

泡立ったように見える黄色い花

名前のとおり、マツに似て細くとがった葉をつける。本種の花は黄色だが、花が白いものはカワラマツバと呼ばれ、本種の品種とされる。葉は茎にぐるりと輪生してつく。8〜10枚の葉のうち、本当の葉は2枚だけで、あとは同じ形をした托葉《たくよう》だが、なかなか見わけがつかない。直径2mmほどの小さな花が、茎の上部や葉の基部にたくさんかたまってつき、泡立ったように見える。草丈は30〜80cm。河原のほか、日当たりのよい乾いた草地などに生える。

スベリヒユ

【滑り莧】

学名	*Portulaca oleracea*
別名	イハイズル、ノハイズル、トンボソウ
科名	スベリヒユ科
属名	スベリヒユ属
花期	7～9月
分布	日本全土

葉がなめらかで 茹でるとぬめりが出る

畑、道端、庭など、日当たりのよい場所に生える。畑の雑草として知られるが、葉や茎を茹でておひたしなどにするとおいしい。山形県では「ひょう」とも呼ばれ、よく食べられている。茹でるとぬめりが出ること、葉に水気があってなめらかなことなどが名の由来とされる。赤みを帯びた茎は枝分かれして地をはい、上部が立ち上がって草丈は15～30cmになる。葉は厚みのあるへら形で光沢がある。茎の先に直径が6～8mmで5枚の黄色い花弁をもつ花をつける。

花は午前中、日が当たると開く。

触ってみよう

厳しい環境に強い

荒地やコンクリートの割れ目などに生えている。葉を触ると厚く、多肉質。水分を体内に保持して、厳しい環境に耐えて生きている。

コミカンソウ

【小蜜柑草】

学名	*Phyllanthus lepidocarpus*
別名	キツネノチャブクロ
科名	ミカンソウ科
属名	コミカンソウ属
花期	7～10月
分布	本州、四国、九州、沖縄

葉の裏は白っぽくふちは赤みを帯びることがある。

小さなミカンのような果実

枝に並んでつくかわいらしい果実が、小さなミカンに見えるのでコミカンソウと名づけられた。赤みを帯びた茎は直立して10～40cmになり、いくつもの枝を出す。草を上から見ると、枝の両側に規則正しく並んだ葉が何ともきれいだ。葉の形は長だ円で互生する。雌《し》雄同《どうしゅ》株で、枝先には雄花を、基部寄りの葉腋《ようえき》には6枚の花弁をもつ雌花を下向きにつける。花の後には、表面に小突起のある直径2.5mmほどの果実が並んでつき、赤褐色に熟す。畑や道端などに自生する。

見てみよう

超小形ミカン

葉柄の下に並ぶ、名前のとおりミカンのような果実。直径2.5mmでとても小さい。赤橙色で表面にぶつぶつした小突起がある。食べられない。

カラスノゴマ

【烏の胡麻】

学名	*Corchoropsis crenata*
別名	
科名	アオイ科
属名	カラスノゴマ属
花期	8～9月
分布	本州、四国、九州

食べられないゴマがたくさん

花の時期には意味がわからないカラスノゴマの名前だが、実を見ればすぐに納得できる。人が食べられないものにはイヌやカラスと命名することが多い。食べられない小さな種子をカラスのゴマに例えた。葉腋《ようえき》から1つずつ咲く黄色い花の直径は1.5～1.8cm。5本の長い仮雄しべの根元に、短い雄しべがある。直径2.5～3.5cmの果実には小さな種子がたくさん入っている。草丈30～60cm。以前はシナノキ科に分類されていたが、最近アオイ科に統合された。

葉柄のつけ根から花茎が伸び、黄色い花が咲く。

触ってみよう

遠目にはわからない

カラスノゴマの小さな葉を触ってみよう。葉の表面には小さな毛がたくさん生えていて、ビロードのような手触りがする。

ビロードモウズイカ

【天鵞絨毛蕊花】

学名	*Verbascum thapsus*
別名	
科名	ゴマノハグサ科
属名	モウズイカ属
花期	8～9月
分布	ヨーロッパ原産 日本全土に帰化

名前のズイ（蕊）は雄しべと雌しべのこと。

塔のように高くそびえ立つ

明治時代に、観賞用や薬用にヨーロッパから導入され野生化した。草丈は大きく2mまで達し、まるで塔のように直立する姿が遠くからでも目立つ。雄しべに毛が生え、茎や葉も灰白色の毛に覆われてビロードの布のように見えることが名の由来。細長く先のとがった葉は、茎の下にいくほど大きくなり長さ30cmにもなる。長く伸びた花茎《かけい》の先に20～50cmの花序をつけ、花弁が5つに裂けた直径2～2.5cmの黄色い花を多数咲かせる。畑や草むら、道路脇などで見られる。

触ってみよう

その名のとおりの葉

ビロードモウズイカの葉は、厚く、密に細かい毛が生えていて、まさにビロードのように見えるが、触るとちょっと堅い感じがする。

オミナエシ

【女郎花】

学名	*Patrinia scabiosifolia*
別名	オミナメシ、チメグサ、チチグサ、アワバナ、ボンバナ
科名	スイカズラ科
属名	オミナエシ属
花期	8～10月
分布	日本全土

万葉の時代から愛される秋の七草の一つ

初秋の草原を黄色く彩る、秋の七草の一つ。万葉の時代から日本人に愛され、多くの歌が残されている。草丈は1～1.3mで、根茎《こんけい》が横にはって増える。直立した細い茎の上部はよく枝分かれし、先端にたくさんの黄色い花が広がって咲く。つぼみは黄色く小さな粟粒のようなので、別名アワバナともいう。花の直径は4mm程度で5つに分かれ、雄しべは4個。葉は深く切れ込み、表面には細かい毛が生え、触るとざらつく。日当たりのよい山野の草原に生える。

オミナエシの花は日本人の心に訴えるものがある。

かいでみよう

姿は美しいが香りは…

多くの歌が残されているほど美しい花だが、においは臭く、草全体から腐ったようなにおいがする。特に切り花は臭い。そっと確かめてみよう。

コセンダングサ

【小栴檀草】

学名	*Bidens pilosa* var. *pilosa*
別名	
科名	キク科
属名	センダングサ属
花期	9～11月
分布	熱帯アメリカ原産 本州、四国、九州、沖縄に帰化

アメリカセンダングサと同様に子供が果実で遊ぶ。

子供が遊ぶ代表的なひっつき虫の一つ

熱帯アメリカ原産の帰化植物で、日本には江戸時代に渡来して本州中部以西に広がった。世界でも広く分布している。名は、日本在来のセンダングサと似て小さいことから名づけられた。草丈は50～100cmで、3～5枚の小葉からなる先のとがった葉が、上部では互生し下部では対生する。枝先につく黄色い頭花をつけ、総苞片《そうほうへん》は短い。「ひっつき虫」の一つで、細長い果実は先に3～4本のとげをもち、人や動物について分布を広げる。空き地や河原などに生える。

コシロノセンダングサ

白い花が咲く

コセンダングサは筒状花《とうじょうか》ばかりだが、まれに白い花弁状の舌状花《ぜつじょうか》が咲いているものがあり、これをコシロノセンダングサと呼ぶ。

センダングサ類の特徴

筒状花《とうじょうか》は一つ一つ花の形をしている。コセンダングサ(右2点も)

果実はぽろりと取れて、とげで服などにひっつく。

先端は二～三又に分かれ、全体に下向きのとげがある。

アメリカセンダングサの茎の断面は四角～六角。

アメリカセンダングサ
頭花は総苞片が長く伸びるのが特徴。

オオバナノセンダングサ
舌状花が大きな頭花の直径3cm程度。

アメリカセンダングサ

【亜米利加栴檀草】

学名	*Bidens frondosa*
別名	セイタカタウコギ
科名	キク科
属名	センダングサ属
花期	9～10月
分布	北アメリカ原産 日本全土に帰化

北アメリカ原産の帰化植物。頭《とう》状花《じょうか》は長く伸びる葉状の6～12個の総苞片《そうほうへん》に囲まれる。舌状花《ぜつじょうか》は小さく見えないことも。果実の先端のとげは二又に分かれ伸びる。茎は暗紫色。草丈50～150cm。別名セイタカカウコギ。

コメナモミ

【小豨薟】

学名	*Sigesbeckia glabrescens*
別名	
科名	キク科
属名	メナモミ属
花期	9～10月
分布	日本全土

花の後には黒くて小さな果実ができる。

べたべたした腺毛で人や動物にひっつく

その名のとおりメナモミ（右頁）より小形で毛が少なく、ほっそりして見える。草丈35～100cm。葉や茎の毛はまばらで茎は紫色を帯びる。茎に対生する葉は先のとがった卵形で、ふちには不規則な鋸歯がある。茎は上部で枝分かれし、先に直径1cmほどの黄色い頭花をつける。頭花は中心に筒状花《とうじょうか》があり、周りの舌状花《ぜつじょうか》は目立たない。頭花の周りから出る5枚の総苞《そうほう》にはべたべたした粘液を出す腺毛《せんもう》があり、人や動物にくっついて運ばれる。山野の道端などに生える。

触ってみよう

花茎《かけい》はべたべたしない

コメナモミには短い毛が茎に沿って生える。花茎《かけい》に腺毛はなく、べたべたしない。メナモミは茎に対して直角に白い毛が伸びる。

メナモミ

【豨薟】

学名	*Sigesbeckia pubescens*
別名	モチナモミ、アキホコリ、イシモチ
科名	キク科
属名	メナモミ属
花期	9～10月
分布	日本全土

オナモミよりも優しげに見える

本種とは同科で属が異なるオナモミに対して、全体的に優しげに見えることから名がついたといわれる。オナモミも本種も「ひっつき虫」だが、人や動物にくっつく方法はまったく異なり、本種が頭花の周りの5枚の総苞《そうほう》にある腺毛《せんもう》から粘液を出してつくのに対し、オナモミは果実のとげで引っかける。草丈は60～120cm。葉や茎に長い毛が密に生えており、花柄にも腺毛がある点で、よく似たコメナモミ（左頁）と見わけることができる。山野の道端や空き地に生える。

コメナモミよりも葉が大きく毛が多い。

触ってみよう

密生する白い毛

メナモミは離れて見てもわかるくらい白い毛が多く、触るとふわふわした感触がするが、花の周りは粘液が出ていてベタベタする。

キクイモ

【菊芋】

学名	*Helianthus tuberosus*
別名	
科名	キク科
属名	ヒマワリ属
花期	9～10月
分布	北アメリカ中部原産 日本全土に帰化

夏、土手や河原にたくさん咲いている。

地中にイモができるキク

北米原産の帰化植物で、江戸時代末期に飼料や食用に導入されたが、現在では野生化している。近年、茎が肥大してできるイモ（塊茎《かいけい》）が健康食品などとして再び注目されるようになった。名は文字どおり、地中にイモができるキクという意味。草丈は1～2mで、茎の上部で枝分かれした先に、直径8cmほどのキクに似た黄色い頭花《とうか》をつける。舌状花《ぜつじょうか》の数は10～20個。秋の終わりごろに、ショウガに似た形のイモをつける。繁殖力が強く、土手や空き地などで群生する。

食べてみよう

掘ると出てくる

掘るとイモがあって食べることもできるが、消化できない物質があるので一度に食べ過ぎないように注意しよう。

ダンドボロギク

【段戸襤褸菊】

学名	*Erechtites hieraciifolius*
別名	
科名	キク科
属名	タケダグサ属
花期	9～10月
分布	北アメリカ原産 本州、四国、九州、沖縄に帰化

段戸山で見つかったぼろくず？

北米原産の帰化植物。1933年に愛知県の段《だん》戸山《どさん》で発見され、花が終わった後につく白い綿毛のような冠毛をボロに例えたのが名前の由来。山地の伐採跡や崩落地で真っ先に育ち、群落をつくる。草丈は50～100cm。葉は細長く、ふちに不ぞろいの鋸歯があり互生する。枝分かれした茎の上部に、筒状花《とうじょうか》だけでできた直径1cmほどの小さな細い頭花《とうか》を上向きにつける。花は下のほうは白く、先端は淡い黄色。伐採跡などのほかに、畑や草むらなどにも生える。

葉のふちは粗く、ぎざぎざとしている。

見てみよう

これでも咲いている

ダンドボロギクの花は、咲いているのかどうかわからないくらい地味である。緑色をしたつぼみのような円筒状の総苞の先端だけに咲く。

セイタカアワダチソウ

【背高泡立草】

学名	*Solidago altissima*
別名	セイタカアキノキリンソウ、ヘイザンソウ
科名	キク科
属名	アキノキリンソウ属
花期	10～11月
分布	北アメリカ原産 日本全土に帰化

1
2
3
4
5
6
7
8
9
10
11
12

蜜源植物で、花にミツバチがやってくる。

周りのほかの植物の生長を妨げる

明治時代に観賞用に導入され、第二次世界大戦後に大繁殖が確認されるようになった帰化植物。草丈は1～2.5mと大きくなり、空き地に群生する姿が目立つ。同属のアワダチソウ（アキノキリンソウ、p170）より草丈が高いことから名がついた。茎の先に10～50cmの長い花序をつけ、直径5mmほどの小さな黄色い頭《とう》花《か》を多数つける。花粉症の原因とされてきたが、花粉が飛ばないタイプの虫媒花《ちゅうばいか》。周囲の植物の生長を抑制する物質を出し、畑や空き地などに広くはびこる。

見てみよう

綿毛がたくさん

秋が深まると、種子がたくさんできる。冠毛のある種子が風で飛び、ほかに植物が生えていないような荒れ地に落ちると、そこで大繁殖する。

ノボロギク

【野襤褸菊】

学名	*Senecio vulgaris*
別名	
科名	キク科
属名	ノボロギク属
花期	ほぼ周年
分布	ヨーロッパ原産 日本全土に帰化

1
2
3
4
5
6
7
8
9
10
11
12

荒れ地にも生える たくましい一年草

ボロギクとはサワギク(p168)の別名で、花が終わった後に出てくる綿毛をぼろくずに見立てたもの。本種は沢沿いなどに咲くサワギクに似ていて、野に咲くことから名づけられた。道端や荒れ地、畑、あぜなど人里近くの色々な場所に生え、一年中花を咲かせるたくましい一年草。直径4～6mm程度で小さく目立たない黄色の頭花《とうか》は、ほぼ筒状花《とうじょうか》のみで、斜め下を向くことが多い。葉は不規則に切れこみがあり、白い毛が生える。草丈20～50cmで、茎はよく枝分かれする。

花が咲くときれいだが、畑では雑草として嫌われる。

触ってみよう

ふわふわで日本制覇

ノボロギクの綿毛(冠毛)はふわふわで、ちょっと息を吹きかけただけで遠くに飛んでいく。そうして分布を広げていき、日本各地に広まったのだ。

イソギク

【磯菊】

学 名	*Chrysanthemum pacificum*
別 名	イワギク、キラクサ
科 名	キク科
属 名	キク属
花 期	10～12月
分 布	本州（千葉県～静岡県、伊豆諸島）

1 2 3 4 5 6 7 8 9 10 11 12

海岸や岩場など厳しい環境に生える。

冬場に海岸で咲く黄色いキク

磯に生えるキクという名のとおり、海岸のがけ、岩場などに群生する。地下茎で広がり、茎は斜めに立ち上がって30～40cmになり、茎の上部までたくさんの葉をつけ互生する。葉は長さ4～8cmで厚みがある。葉のふちが白くふち取られていてきれいだが、これは裏側にびっしり生えた銀白色の毛がはみ出して見えるため。直径5～15mmの黄色くて丸みのある頭花《とうか》をたくさんつける。自生するほか、古くから美しい姿が好まれ、多くの栽培品種がある。

シオギク・キイシオギク

頭花が大きい野菊

紀伊半島南部と四国南部の海岸には、それぞれキイシオギクとシオギクという野菊がある。頭花が大きい。写真はシオギク。

日本の野菊②

シマカンギク

別名アブラギク。頭花の直径 1.5 ～ 3 cm。近畿以西の本州、四国、九州の山野に分布。大群落になることもある。

アワコガネギク

キク属。東北地方南部からの本州、九州の一部の山野に生える。黄色い頭花の直径は 1.2 ～ 1.5 cm と小さい。

アゼトウナ

伊豆から紀伊半島の本州、四国、九州の海岸の岩場に生える。葉は肉厚。西日本にはホソバワダンが分布。

ダルマギク

中国地方から九州の海岸に生える。花色は白色～淡青紫色。山地には薄紫の花で背が高いヤマジノギクが生える。

ツワブキ

【石蕗】

学名	*Farfugium japonicum*
別名	ツワ、タカラコ（古名）
科名	キク科
属名	ツワブキ属
花期	10～12月
分布	本州（太平洋側では福島県以西、日本海側では石川県以西）、四国、九州、沖縄

新芽は山菜として食べられる。

光沢があってフキに似た形の葉

葉に光沢があり、形がフキに似ていることが名の由来。西日本では古くから若い葉柄を食用にし、葉や茎は解毒剤など薬用として利用してきた。草丈は30～80cmになる。根茎《こんけい》は太く、根から長い柄をもつ葉が伸びる。葉は厚みがあり、幅は6～30cm。花茎《かけい》の上部で花柄を何本も伸ばし、直径5cmほどの鮮やかな黄色い頭花をたくさんつける。海岸や海辺に近い山などに自生するほか、観賞用に改良された多くの園芸品種があり、庭などに植えられている。

触ってみよう

強い紫外線をはじく

ツワブキの葉は、つやがあるだけでなく、思ったよりも触ると堅く、ごわごわした手触りがする。強い紫外線から体を守っているのだ。

ナガミヒナゲシ

【長実雛罌粟】

学名	*Papaver dubium*
別名	
科名	ケシ科
属名	ケシ属
花期	4～5月
分布	地中海沿岸原産 日本全土に帰化

群生して咲く姿はきれいだが、一日花

地中海原産の帰化植物。花が咲く前のつぼみはうつむきかげんにつき、開花とともに上を向く。茎の頂点に、橙紅色から紅色の美しい花を咲かせる。花の直径は3～6cmで、朝開き、夕方には落ちてしまう。果実はふたのついたシャンパングラスのような形をして細長く、名前の由来になった。熟すとふた下部の孔から小さな種子が出てくる。草丈は20～60cmで幅があるが、高さが15cm程度で低くても花をつける。葉は1～2回羽状に深く切れ込み、毛が多い。

野原や河原、道端など人家に近い場所に生える。

見てみよう

ロゼットとは

冬の間に草は地面近くに葉を展開することがあり、これをロゼット葉という。ナガミヒナゲシも季節によって大きく異なる姿になる。

ノカンゾウ

【野萱草】

学名	*Hemerocallis fulva* var. *disticha*
別名	ベニカンゾウ
科名	ススキノキ科
属名	ワスレグサ属
花期	7～8月
分布	日本全土

1
2
3
4
5
6
7
8
9
10
11
12

花は直径7cmほどで、朝咲いて夕方しぼむ一日花。

花は橙赤から赤褐色まで変化が大きい

日本に自生していない中国原産のホンカンゾウという植物に対して、原野に多いカンゾウを意味して名づけられた。花色には変化が多く、特に赤みが強い花をベニカンゾウと呼ぶこともある。水田のあぜや溝のふち、野原など湿り気のある場所に生える多年草。花茎《かけい》は50～70cmで、先端に花が10個前後つく。一重咲きで花被片《かひへん》は6枚あり、その下の花筒は長さ3～4cmで、ヤブカンゾウやハマカンゾウより長いのが特徴。葉は幅が1～1.5cm、長さ50～70cmと細長い。

食べてみよう

食感のよい山菜

ヤブカンゾウやノカンゾウの新芽は、山菜として利用される。採るときには根元を残し、またその株から生えることができるようにしておこう。

ヤブカンゾウ

【藪萱草】

学名	*Hemerocallis fulva* var. *kwanso*
別名	オニカンゾウ
科名	ススキノキ科
属名	ワスレグサ属
花期	7～8月
分布	北海道、本州、四国、九州

1
2
3
4
5
6
7
8
9
10
11
12

ノカンゾウより一回り大きい

有史以前に中国から、観賞用や食用として渡来したと考えられている。やぶに多く生えるカンゾウなのが名前の由来。やぶ、田畑のあぜや土手、野原などに生え、特に人家の周りに多い。若葉やつぼみは山菜として食べられる。草丈は80～100cm。花は直径8cmで、橙赤色の大輪の花を咲かせる。一重咲きのノカンゾウに比べて、花が八重咲きで華やかな感じがする。花は朝開いて夕方しぼむ。種子はできない。地下のひも状の塊根《かいこん》で増える。

八重咲きの華やかな花を、花茎の先に数個咲かせる。

見てみよう

雄しべの変化

ヤブカンゾウの八重咲きの花をよく見ると、先端が雄しべ状になっているものがあり、雄しべと雌しべが花弁に変化しているのがわかる。

コオニユリ

【小鬼百合】

学名	*Lilium leichtlinii* f. *pseudotigrinum*
別名	
科名	ユリ科
属名	ユリ属
花期	7～9月
分布	北海道、本州、四国、九州

自然の中に生えるコオニユリ。美しくよく目立つ。

オニユリ

里に咲くユリ

コオニユリに似たオニユリは、一回り大きくて珠芽ができる。民家近くに多く生え、コオニユリ同様、球根は食べられるが、食用には向かない。

アゲハチョウを誘う草原の橙色の花

野山の草地、高原、湿原などに自生するユリ。草丈が1～1.8mもあり、遠くからでもよく目立つ。花茎《かけい》の先に直径6～8cmの花を、2～10個つける。花は橙赤色で、黒紫色の斑点が散らばる。この色は昆虫の中でもアゲハチョウの仲間だけに目立つ色。うつむいた花からくるりと反り返った花びらは、蜜を吸いにきたチョウの足場になる。細身の葉が互生してたくさん出る。珠芽《むかご》はつかない。地下の球根は食べることができ、ユリ根として売られている。

フシグロセンノウ

【節黒仙翁】

学名	*Silene miqueliana*
別名	フシ、フシグロ、オウサカソウ
科名	ナデシコ科
属名	マンテマ属
花期	7～10月
分布	本州、四国、九州

炎のような花色は暗い場所でも目立つ

山地の林下や薄暗い林のふちなどに生える多年草。ひっそりと咲いていても目立つ花色である。茎の節の部分が少し太くなり、黒紫色を帯びることから「節黒」、京都の嵯峨の仙翁寺に近縁種《きんえんしゅ》のセンノウが植えられていたことから「仙翁」、合わせて「節黒仙翁」と名づけられた。茎の先や枝先に淡朱赤色の可憐な花をまばらに咲かせる。花は直径5cmほどで、5枚の花弁が平らに開く。茎は円柱形で直立し、高さは50～80cm。果実は長さ15～25mmの長だ円形。

日本固有種だが、分布域は本州、四国、九州と広い。

見てみよう

茎の節を見てみよう

節黒の名前のとおり、葉の根元の茎の部分は赤黒く色づく。ただ、自然状態では個体差が大きく、これほど明確に赤黒くないものもある。

ヒオウギ

【檜扇】

学名	*Iris domestica*
別名	カラスオウギ
科名	アヤメ科
属名	アヤメ属
花期	8～9月
分布	本州、四国、九州、沖縄

民家近くの株は、庭から野生化した可能性が高い。

見てみよう

万葉集に詠われた黒

秋に果実が熟すと、割れて中から直径5mmほどの漆黒の種子が現れる。黒の枕言葉である「うば玉」や「ぬば玉」は、この色に由来する。

色あざやかな花は観賞用としても人気

ヒオウギは、剣状の葉の根元の並びが、薄く削いだ檜の板を要《かなめ》でまとめた檜扇《ひおうぎ》の根元の様子に似ているので名づけられた。葉は長さ30～50cm。6枚の花弁は淡い橙色で、濃い橙色の小点がある。花が美しいため、古くから庭に植えられてきたので園芸植物として認識されがちだが、もともとは山地や海岸近くの日当たりのよい草原に自生する野草。花は直径3～4cmで、花茎《かけい》は高さ0.6～1m。上部で枝分かれし、一日花が咲く。根と茎は射干《ヤカン》という漢方薬になる。

キツネノカミソリ

【狐の剃刀】

学名	*Lycoris sanguinea*
別名	
科名	ヒガンバナ科
属名	ヒガンバナ属
花期	8～9月
分布	本州、四国、九州

花は秋の風景にとけ込み美しい

丘陵や山野などの肥沃な土地に生える。葉の形を剃刀に例えて名づけられた。葉は早春から伸びはじめ、高さ30～40cmあたりで生長を止め、初夏には枯れてしまう。その後、夏に高さ30～50cmの花《か》茎《けい》を立て、3～5個の黄赤色の花をつける。花と葉は一緒には見られないということだ。花の直径は5～6cm。花被片は6枚でヒガンバナほど反り返らない。ヒガンバナやナツズイセンは実を結ばないが、本種は結実し直径5mmの黒い種子をつくる。地下に球形の鱗茎《りんけい》がある。

草全体に毒があるので口にしないよう注意をしよう。

見てみよう

雄しべで見わける

雄しべは花の中からあまり飛び出さないが、よく似たオオキツネノカミソリの雄しべは花から大きく飛び出すので、見わけることができる。

ヤブカラシ

【藪枯らし】

学名	*Cayratia japonica*
別名	ビンボウカズラ、ヤブガラシ
科名	ブドウ科
属名	ヤブカラシ属
花期	6～8月
分布	北海道（西南部）、本州、四国、九州、沖縄、小笠原

道端や人家の周り、荒れ地に普通に生える。

美しく橙色に染まる花盤《かばん》が魅力的

やぶのような場所でも繁茂し、ほかの植物に覆いかぶさって枯らすほどなので「藪枯らし」と名前がついた。また、手入れの悪い物置小屋や草むらなどに覆いかぶさり貧乏くさい場所に変えてしまうので「ビンボウカズラ」という別名までつけられた。つる性で、巻きひげを出してほかの植物にからみつき、長さ2～4mにも伸びる。地下茎を長く伸ばして旺盛に繁殖する。花は直径5mmほどで、果実は黒く熟す。葉は5枚の小葉からなる複葉で、葉には柄がある。

見てみよう

たっぷりの蜜がある

ヤブカラシの花はシンプルな構造で、花盤の上に蜜が分泌される。蜜を求めアシナガバチの仲間など色々な昆虫がやってくる。

ベニバナボロギク

【紅花襤褸菊】

学名	*Crassocephalum crepidioides*
別名	
科名	キク科
属名	ベニバナボロギク属
花期	8～10月
分布	熱帯アフリカ原産 本州、四国、九州に帰化

明るい環境を求めて たえず移動する野草

1946年に九州北部で発見されたのを皮切りに北に進出していき、1960年代には関東地方に広がってなお北上を続けている一年草。道端や山林の伐採跡地などに生える。葉は柔らかく、シュンギクのような強い香りがある。枝の先の頭花《とうか》はうなだれたように下を向く。頭花はすべて筒状花《とうじょうか》で、花弁の上部は紅赤色から橙赤色に変化し、下部は白のまま。茎は上部でよく枝分かれし、草丈は50～70cmになる。花の後は綿毛をつけた果実ができ、風で飛ばされていく。

熱帯地域や中国では、若葉を食用にする。

触ってみよう

ふわふわの綿毛

サワギクの別名がボロギク。それに似て花が赤っぽいのが名前の由来。柔らかい毛に触ると、ぱらぱらと崩れるように飛んでいく。

ミズヒキ

【水引】

学名	*Persicaria filiformis*
別名	ミズヒキソウ
科名	タデ科
属名	イヌタデ属
花期	8～10月
分布	日本全土

1
2
3
4
5
6
7
8
9
10
11
12

葉には黒っぽい斑が入ることが多い。

直径2～3mmの小花を点々とつける

長さ30cmほどの花序につく花は上部が赤く下部が白い。花が連なる細長い花序は、上から見ると赤く、下から見ると白く見えるので、これを進物を飾る紅白の水引に例えたのが名前の由来。葉は卵形で先端がとがり、表面にはまばらな毛が生える。草丈は40～80cm。茎に粗い毛が生え、よく枝分かれをし、節は膨れる。果実の先はかぎ状になり、衣服や動物の毛にくっついて遠くへ運ばれる。山地の林の中やふちに生え、やや日陰になるような場所を好む。

触ってみよう

跳ねるように飛ぶ実

よく熟した実がついた茎をつまみ、下から茎に沿ってしごくように滑らせながら引っ張ってみよう。果実が跳ねるように飛ぶのがわかる。

マルバルコウ

【丸葉縷紅】

学名	*Ipomoea coccinea*
別名	
科名	ヒルガオ科
属名	サツマイモ属
花期	8～10月
分布	熱帯アメリカ原産 本州（関東地方以西）に帰化

1 2 3 4 5 6 7 8 9 10 11 12

小さなラッパのような花が次々に咲く

観賞用に栽培されていたものが逃げ出して関東地方以西で野生化した帰化植物。道端や人家の周りに生えるつる性の一年草。フェンスやほかの植物などにからみついて広がる。葉腋から花茎が出て直径1.5～2cmで小さなラッパのようなろうと形の花をつける。花は朱赤色で、中心部は黄色。花を正面から見ると五角形でかわいらしい。花が終わるとアサガオのような球状の果実をつける。葉は互生し、丸みのあるハート形。葉の長さ幅ともに10cmほど。

しばしば、葉の基部にはとがった耳がある。

見てみよう

丸くなくても

名前に「丸葉」がつくが特に葉が丸いわけではない。園芸種のルコウソウの、切れ込みが多く糸状に細い裂片と比べると丸いため「丸葉」とついた。

ワレモコウ

【吾木香】

学名	*Sanguisorba officinalis*
別名	エビスネ、ダンゴバナ
科名	バラ科
属名	ワレモコウ属
花期	8～10月
分布	北海道、本州、四国、九州

高原に秋の訪れを告げる花として親しまれている。

よく見ると4つの萼《がく》の花

山野の代表的な秋の花。細い茎の先端にシックな赤紫色の花序をつけて風に揺れる様子は、趣があって愛らしい。印象的な名前だが由来は不明。山地の日当たりのよい草原に生える。高さ1～2cmの花序は小花が集まってできたもので、小花に花弁はなく、4枚の花弁に見えるのは萼《がく》。花序の上部から下部へと順に咲いていく。草丈は50～100cm。葉は長さ4～6cmでふちにぎざぎざがあり、スイカのようなにおいがする。根茎《こんけい》は皮膚炎などの漢方薬として使われる。

かいでみよう

スイカのような香り

葉は奇数羽状複葉で、だ円形の小葉のふちはぎざぎざの鋸歯が目立つ。葉をもんでみるとスイカのような香りがするので試してみよう。

ヒガンバナ

【彼岸花】

学名	*Lycoris radiata*
別名	マンジュシャゲ
科名	ヒガンバナ科
属名	ヒガンバナ属
花期	9月
分布	中国原産 日本全土に帰化

1
2
3
4
5
6
7
8
9
10
11
12

土手を真っ赤に染める様子は日本の原風景

秋の彼岸ごろに花が咲くので名づけられた。別名のマンジュシャゲ（曼珠沙華）は、サンスクリット語（梵語）で「赤い花」という意味。花後に葉が出てきて冬を越し、春の終わりごろに葉が枯れ、開花期には葉がない。花茎《かけい》の先に5～8個の花がつき、花の外に長く突き出た雄しべが、真っ赤な花をさらに華やかに見せる。地下に卵形の鱗茎《りんけい》があり、リコリンという強い毒物を含む。草丈は30～50cm。古い時代に帰化したとされ、人家の周りで見られる。

昔は救荒植物として鱗茎を毒抜きして食べた。

見てみよう

葉は秋に出る

花の時期には葉がなく、花が終わると葉が出てくる。葉は線形で中央に淡緑色の線がある。日本の帰化系統は3倍体のため、結実しない。

ショカツサイ

【諸葛菜】

学名	*Orychophragmus violaceus*
別名	オオアラセイトウ、シキンサイ、ムラサキダイコン、ムラサキハナナ、ハナダイコン
科名	アブラナ科
属名	ショカツサイ属
花期	3～5月
分布	中国原産。日本全土に帰化

おひたしはホウレンソウのような味がするそうだ。

食べてみよう

観賞用だが食べられる

ショカツサイの若い株は食べられる。中国北部では野菜として利用されているようだが、日本では観賞用園芸植物として広まった。

いろいろな別名で呼ばれる

土手や畑などに群れ咲く。線路の土手で目にすることが多く、車窓の風景として愛でている人は多いのではないだろうか。江戸時代に観賞用として渡来し、野生化したのは昭和10年ごろといわれる。戦後に、急速に広まった帰化植物だ。花は茎の先端に10～20個つく。花弁は4枚で、十字形の花を咲かせる。花の直径は約3cmあり、淡紫色～紅紫色。草丈は20～60cmほど。食用になり、若芽や花をおひたしや天ぷらにするとおいしい。別名が多い野草の一つ。

ツルニチニチソウ

【蔓日々草】

学名	*Vinca major*
別名	
科名	キョウチクトウ科
属名	ツルニチニチソウ属
花期	3～5月
分布	南ヨーロッパ、北アフリカ原産 日本全土に帰化

花や葉が美しいので、園芸植物としても人気

明治時代に園芸用として導入されたが、繁殖力が旺盛で野生化した帰化植物。人家の周りや杉林の林床まで、さまざまな場所で分布を広げているが、特に海岸近くに多い。株元から多数の細い茎が伸びる。最初は直立するが、次第に地面をはうようになる。花をつけなかった茎は1m以上伸び、花をつけたら40～50cmくらいで生長を止める。花は直径4cmほどの淡紫色で、ときには秋や早春の雪解け時にも咲くことがある。成熟した葉は表面に照りが出て美しい。

つぼみはねじれていて、ほどけるように咲いていく。

ニチニチソウ

毎日のように咲く

ニチニチソウはマダガスカル原産の植物。同じキョウチクトウ科で、ツルニチニチソウとは花の形が似ている。写真はマダガスカルの草地で撮影。

セリバヒエンソウ

【芹葉飛燕草】

学名	*Delphinium anthriscifolium*
別名	
科名	キンポウゲ科
属名	オオヒエンソウ属
花期	3～5月
分布	中国原産 本州に帰化

葉は卵形で、羽状に切れ込み、先端がとがる。

近年急速に増えてきた帰化植物

明治時代に中国から渡来したとされる帰化植物。日当たりのよい草地や林に生える。花の形をツバメが飛ぶ姿に見立てたヒエンソウに似ている。長さ1～2cmの青紫色の花を3～5個まばらに咲かせる。葯《やく》は黄色で、のちに黒紫色になり、花の中でよく目立つ。花には長さ1cmほどの距《きょ》があり、この中の蜜腺《みつせん》から蜜を分泌する。草丈は30～80cm。茎は直立し、短い毛が生えている。種子は黒褐色で、巻貝のようならせん状の翼《よく》があり、おもしろい形をしている。

触ってみよう

葉の形が名前の由来

セリバヒエンソウの名は、葉の切れ込みが多くセリに似ていることからつけられた。葉の表面は無毛で、触ると柔らかい感じがする。

キランソウ

【金瘡小草】

学名	*Ajuga decumbens*
別名	ジゴクノカマノフタ
科名	シソ科
属名	キランソウ属
花期	3～5月
分布	本州、四国、九州

岩の多そうな場所によく生えている

名前の由来は不明。古くから民間薬として有名で、別名はジゴクノカマノフタ。恐ろしげな名前だが、薬草として使うと病気が治り地獄の釜のふたが閉まるというよい意味があるらしい。花の長さは約1cm。筒状の花が上下に分かれる。この独特な形の花を唇形花と呼び、上側を上唇、下側を下唇と呼ぶ。山野の草地に生え、根生葉《こんせいよう》を地面に張りつくようにロゼット状に広げる。葉の裏側は紫色を帯び、全体に粗い毛が生える。品種のモモイロキランソウは花冠が薄紅色である。

九州にはイシャコロシという地方名がある。

見てみよう

花の上唇に注目

キランソウの仲間はどれもよく似ている。見わけのポイントは花の上側にある上唇の形。本種は浅く2つに分かれ、非常に短い。花をよく見よう。

ジュウニヒトエ

【十二単】

学名	*Ajuga nipponensis*
別名	
科名	シソ科
属名	キランソウ属
花期	4～5月
分布	本州、四国

茎は直立し、十二単を着た女官を連想させる。

数ある和名のなかでも優雅な名前のひとつ

幾重にも重なって咲く花の姿を、宮中の女官が着た雅やかな十二単《じゅうにひとえ》に見立てて名づけられた。花はシソ科特有の唇形で、長さ約1cm。上唇は2つに、下唇が3つに分かれているのが大きな特徴だ。花色は白か淡紫色。茎の先端に長さ4～8cmの花序をつけ、下から上へ順に咲いていく。葉のふちには波状の鋸歯がある。草丈は10～25cmほど。全体に白い縮れ毛が生え、灰色がかって見える。やや明るい林の中や土手、道端に生える。

見てみよう

毛が多い花序をのぞく

花序を構成する一つ一つの小さな花を見てみよう。ジュウニヒトエは花の上部分（上唇）が小さいのが特徴。色は変化が大きい。

カキドオシ

【垣通し】

学名	*Glechoma hederacea* ssp. *grandis*
別名	カントリソウ
科名	シソ科
属名	カキドオシ属
花期	4～5月
分布	北海道、本州、四国、九州

つるの節から発根し、繁殖する

茎がつるのように伸び、垣根をすりぬけて隣地まで伸びていくので「垣通し」と名前がついた。花の時期までは茎が直立し、高さは5～25cmほどだが、花が終わると茎がつる状になって地面をはい、1m以上も伸びていく。葉は腎臓形で、揉むとよい香りがする。葉腋《ようえき》に直径2cmほどの花を1～3個咲かせる。花はシソ科特有の唇形花で、上下に唇のように分かれている。下唇は大きく張り出し4つに分かれ、赤紫色の模様がある。道端や草地、畑でよく見かける。

民間薬で子供の癇をとる薬にするので「癇取り草」。

かいでみよう

伸びた枝を触ると

花が終わると、つる状になり、長く枝を伸ばす。シソ科らしく茎は断面が四角形。触ると強い芳香が手に移る。

ホトケノザ

【仏の座】

学名	*Lamium amplexicaule*
別名	サンガイグサ
科名	シソ科
属名	オドリコソウ属
花期	3～6月
分布	本州、四国、九州、沖縄

つぼみのまま結実する閉鎖花が多数できる。

早春に咲く可憐で美しい花

半円形の葉が向きあってつく様子が、まるで仏の座る台座のようなのが名前の由来。春の七草のホトケノザは本種ではなく、キク科のコオニタビラコ（p130）のことで、本種は食用にはできないので注意。葉が段々につくのでサンガイグサ（三階草）とも呼ばれる。長さ2cmほどの細長い紅紫色の花には、上唇と下唇があり、下唇には美しい模様が入っている。この模様がハチへ蜜のありかを教える標識となり、足場にもなっているのだ。草丈は10～30cmで、道端に生える。

見てみよう

仏の座の葉が特徴

葉が茎の周りをぐるりと回り、仏の座のような形になる。葉腋にはつぼみのようなものがあるが、これは開かないで自家受粉する閉鎖花。

ヒメオドリコソウ

【姫踊り子草】

学名	*Lamium purpureum*
別名	
科名	シソ科
属名	オドリコソウ属
花期	2～5月
分布	ヨーロッパ原産 日本全土に帰化

まるで絨毯を敷いたように群生する

花はオドリコソウ（p49）に似ていて、小形なのが名前の由来。明治26年に東京の駒場で発見され、現在では日本全土に帰化している。茎の根元は地面をはうが、上部は直立し、草丈は10～25cmになる。葉を積み重ね、上部の葉はアカジソのような葉色になる。上部の葉腋から長さ約1cmの小さな花を外に出して咲かせる。花は唇形花で、淡紅紫色。道端でも群生しているが、休耕田などの肥沃な場所では大群生している。花期は2～5月が中心だが、ほぼ一年中咲いている。

葉は密生し、毛が密に生える。

見てみよう

小さな花も複雑

筒状の花は上下に分かれる。下唇には模様があり、花奥の蜜のありかを昆虫に示す。上唇に沿って雄しべがあり、オレンジ色の花粉が見える。

ラショウモンカズラ

【羅生門蔓】

学名	*Meehania urticifolia*
別名	ルリチョウソウ、ラショウモン
科名	シソ科
属名	ラショウモンカズラ属
花期	4～5月
分布	本州、四国、九州

草丈は15～30cm。下唇には、白く長い毛が密生する。

見てみよう

シソ科植物の萼片の形

シソ科の植物の見わけ方のひとつに、萼片《がくへん》の形がある。花が終わった後の萼も見てみよう。よく見ると奥に果実が見える。

草全体に独特のにおいがある

花の姿が「京都の羅生門で渡辺綱に切り落とされた鬼女の腕に似ている」のが名前の由来といわれ、花には毛が多い。長さ4～5cmの花は淡紫～紫色の唇形で、ほぼ同じ方向を向いて茎につく。花の下唇は3つに分かれ、中央のものは大きく、濃紫色の模様がある。花の後、根元から盛んに長いつるを出して地面をはい、節から根を下ろし繁殖する。葉は卵形でふちが切れ込み、先がとがる。草全体にさわやかな香りがする。山地の林やふちの湿った場所に生える。

コバノタツナミ

【小葉の立浪】

学名	*Scutellaria indica* var. *parvifolia*
別名	コバノタツナミソウ、 ビロードタツナミ
科名	シソ科
属名	タツナミソウ属
花期	4～6月
分布	本州（関東地方以西）、四国、九州

1
2
3
4
5
6
7
8
9
10
11
12

海岸近くに多く 秋にも花を咲かせる

葉は長さ幅ともに1cmほどで小さく、タツナミソウ類で葉が小さいことから名前がついた。タツナミソウの名前は、花が片側に片寄って咲く姿を、泡立つ波が岸に寄せる様子に見立てたもの。花は通常、4～6月ごろに咲くが秋に咲くこともある。地面をはって広がり、花茎《かけい》は5～20cmになる。別名のビロードタツナミは、葉に短い毛が生えてビロード状になることから。萼《がく》の上唇の丸い付属物が目立つ。海岸近くの松林や畑のふち、土手、海辺の山などに生える。

タツナミソウとくらべてみると全体に小さい。

タツナミソウ

里山に多い

草丈20～40cm、葉の直径は1cm以上。丘陵地に生え、本州から九州まで広く分布する。コバノタツナミの母種にあたる。

ノビル

【野蒜】

学名	*Allium macrostemon*
別名	ヒル、ネビル、ヌビル
科名	ヒガンバナ科
属名	ネギ属
花期	5～6月
分布	日本全土

花茎は50～80cm。田のあぜや道端、草地に生える。

見てみよう

小さな球根は春の味

春、ノビルの球根を掘って泥を洗い、生のまま味噌をつけて食べるとエシャロットのようでおいしい。球根の大きさは直径1～2cm。

花は少なく珠芽《むかご》が多い

蒜《ひる》はネギやニンニクの仲間のこと。野に生える蒜なので「野蒜」。山菜として利用でき、若葉や若い茎、球根はネギやアサツキと同じように食べられる。葉をちぎると、ニラのような強い香りがする。葉の断面は三日月形で中空、茎の断面は三角形で中空。花茎《かけい》の先端に花序ができるが、ネギ坊主状のつぼみのころには苞葉《ほうよう》が包み、先端が細くとがる。花は直径1cmで、薄紅紫色。花茎の先にはよく珠芽ができる。花が咲かないで珠芽《むかご》だけの場合もよくある。

トウバナ

【塔花】

学名	*Clinopodium gracile*
別名	
科名	シソ科
属名	クルマバナ属
花期	5～8月
分布	本州、四国、九州、沖縄

塔に見立てるほど花序は長くない

上に伸びる花茎《かけい》に、輪状に花をつけ、それが層になって咲く様子を塔に例えて名前がついたが、花序は2～4cmで塔というほど高くない。淡紅色の小花を花序に輪状につける。花の長さは5～6mmで上下に分かれ、さらに下唇は3つに分かれる。茎は細く、根元からたくさん枝分かれする。茎の基部は地面をはい、その後立ち上がり、高さ15～30cmになる。葉は対生し、長さ1～3cm、幅1～2cmの卵形で、浅い鋸歯がある。田のあぜや山野の道端などに生える。

花は地味だが、よく見るとシソ科特有の唇形花。

見てみよう

花に特徴あり

よく観察すると、筒状の花は上唇と下唇に分かれ、下唇は3裂する。下唇には丸くシンプルな模様がある。萼《がく》の脈には、わずかに短い毛がある。

カラスノエンドウ

【烏野豌豆】

学名	*Vicia sativa* ssp. *nigra*
別名	ヤハズエンドウ
科名	マメ科
属名	ソラマメ属
花期	3～6月
分布	本州、四国、九州、沖縄

1
2
3
4
5
6
7
8
9
10
11
12

若いさやは、天ぷらや炒め物などの食用になる。

よく見かける春の野草の一つ

つる性の2年草。花は小さいが、鮮やかな赤紫色なので見つけやすい。葉腋《ようえき》に蝶形の花が1～3個つき、長さは1.2～1.8cm。小葉は巻きひげとなってからみつき、普通先端は3つに分かれる。草丈は1mほどで高くは伸びない。3～5cmの細長い豆果（さや）をつける。さやは乾燥するとよじれるように2つに裂けて5～10個の種子をはじき飛ばす。カラスの名前は、この熟したさやが真っ黒になることに由来する。日当たりのよい野原や道端で普通に見かける。

見てみよう

豆のさや

カラスノエンドウやカスマグサなどマメ科の植物はたいてい豆果ができ、その形が見わけのポイントとなる。写真はカスマグサの豆果。

カラスノエンドウの不思議

花を上下に開くと、普段は見えないしべと花粉が見える。

花だけではなく、花のつけ根の托葉のそばにも蜜腺がある。

托葉や鞘にある蜜腺には、アリが集まり蜜をなめに来る。

豆果は熟すと黒くなり、乾くとねじれて実がはじける。

葉の先端には、葉が変形した巻きつくひげが3本ある。

春にすぐ伸びることができるように、冬にも葉を生やす。

カスマグサ

【かす間草】

学名	*Vicia tetrasperma*
別名	
科名	マメ科
属名	ソラマメ属
花期	4～5月
分布	本州、四国、九州、沖縄

カラスノエンドウとスズメノエンドウの間の大きさなので、カラスとスズメの頭文字をとり、その間という意味で名づけられたつる植物。明るい林や草地に生える。花茎の先に1～3個、淡青紫色の花をつける。

スズメノエンドウ

【雀野豌豆】

学名	*Vicia hirsuta*
別名	
科名	マメ科
属名	ソラマメ属
花期	4～6月
分布	本州、四国、九州、沖縄

さやは長さ1cm以下。中に種子が2個入っている。

小さな白紫色の花が連なって咲く

カラスノエンドウ(p226)と比べて、花も葉もより小形であることからカラスに対してスズメをあてた名前。葉腋《ようえき》から細長い花茎《かけい》を伸ばしてマメ科植物独特の蝶形花を3～7個咲かせるが、4個である場合が多い。花は長さ5mm程度で白紫色。豆果（さや）はだ円形で1cmほど。葉は12～14個の小葉からなり、先端にある巻きひげで周りの植物にからみつき立ち上がる。草丈は30～60cm。人家の周りの草地や野原など、カラスノエンドウと同じような場所に生える。

見てみよう

小さくたくさんの豆

スズメノエンドウは葉も花も小さいが、豆のさやも小さい。さやが1つの花茎からたくさんつくのも特徴だ。さやには豆が2つ入っている。

ゲンゲ

【紫雲英】

学名	*Astragalus sinicus*
別名	レンゲソウ、ゲンゲバナ、レンゲ
科名	マメ科
属名	ゲンゲ属
花期	4～6月
分布	中国（長江流域）原産 日本全土に帰化

1
2
3
4
5
6
7
8
9
10
11
12

田植え前にすきこんで緑肥として利用

緑肥として稲刈り後の田などで栽培されるため、その周辺に野生化する。一面を赤紫色に染めていた風景は農村の風物詩だったが、最近ではなかなかお目にかかれなくなった。一般にレンゲソウの名前で呼ばれている。葉腋《ようえき》から長い花柄を出して、7～10個の花を輪状につける。この様子がハスの花に似ているのでレンゲソウの別名がついた。花の長さは約1.5cm。草丈は10～25cm。茎は多数枝分かれして地をはい、カーペット状に広がる。豆果（さや）は黒く熟す。

葉は7～11枚の小葉からなる羽状複葉。

食べてみよう

蜜源として有用

ミツバチは本種の花の蜜を巣に集めて、ハチミツをつくる。しかし、花をなめても味はほとんどしない。蜜が花の奥に隠されているからだ。

ムラサキツメクサ

【紫詰草】

学名	*Trifolium pratense*
別名	アカツメクサ
科名	マメ科
属名	シャジクソウ属
花期	5～8月
分布	ヨーロッパ、アフリカ、西アジア原産。日本全土に帰化

シロツメクサより花も葉も大きい

花のすぐ下に葉をつけるのが大きな特徴

明治初期に牧草として北海道に導入され、日本全土で野生化している多年草。赤紫色の花を咲かせるのでアカツメクサとも呼ぶが、ムラサキツメクサが正式名称の和名として使われている。花の咲く時期には立ち上がりよく枝分かれする。葉腋《ようえき》に長さ1.5cmほどの花が球状に集まって咲く。草丈は20～60cmで、茎には白い毛がある。小葉は長だ円形で先がとがり、V字形の薄い斑紋が入ることが多い。日当たりのよい道端や荒れ地、田畑の周りなどに生える。

見てみよう

花が集まり球状になる

球状の花をよく見ると、たくさんの花が集まっている。花は下から開き、一つ一つが、マメ科らしい蝶形花をしている。花が終わると下を向く。

イカリソウ

【碇草】

学名	*Epimedium grandiflorum* var. *thunbergianum*
別名	サンクシヨウ、クモキリソウ、イカリグサ
科名	メギ科
属名	イカリソウ属
花期	4～5月
分布	北海道（西南部）、本州、四国、九州

花には長い距《きょ》があり、うつむいて咲く

花の形が船を停泊させるいかりにそっくりなので、この名前がついた。花の形がユニークで、横に長く突き出ているのは花弁が変化した距で、蜜をたくわえる。花弁のように見えるのは萼《がく》。花の色は紅紫色だが、濃淡に変化が大きく、白っぽいものまである。直径3～4 cmの花を、10個前後斜め下向きにつける。葉柄が3本に分かれ、それぞれ小葉も3枚ずつつくので「三枝九葉草」の別名もある。草丈は30cmほど。明るい雑木林やその林縁、丘陵地などに生える。

地中の根茎は横にはい、数本の茎を伸ばす。

トキワイカリソウ

葉が冬も残る

本州の日本海側には、越冬葉が花期まで残るトキワイカリソウが多い。北陸では白い花が多いが、それより西の花は赤いことが多いのが不思議だ。

タチツボスミレ

【立坪菫】

学名	*Viola grypoceras* var. *grypoceras*
別名	ツボスミレ、ヤブスミレ
科名	スミレ科
属名	スミレ属
花期	4～5月
分布	日本全土

花の中心は白色だがはっきりしない。

かいでみよう

香る？ 香らない？

タチツボスミレの花には香りはほとんどない。甘くすっきりしたよい香りがするのは、姿がよく似ている別種で写真のニオイタチツボスミレ。

最もよく見かけるスミレ

わが国には50種以上のスミレが自生しているが、そのなかでも最も普通に見られるのが本種だろう。市街地の道端から山地までさまざまな場所に分布している。スミレは地上に茎があるかないかで2グループに分けられるが、本種は茎があるグループの代表種だ。葉は約2cmのハート形で、花が終わると大きくなる。花は直径1.5～2cmで、内側には毛がなく、距《きょ》は淡青紫。開花期の草丈は10cm程度で、葉と同じように花の後に大きく伸びる。

スミレ

【菫】

学名	*Viola mandshurica*
別名	マンジュリカ、スモウトリグサ
科名	スミレ科
属名	スミレ属
花期	4～5月
分布	日本全土

日当たりがよい草地を好む

日本はスミレ王国といわれるほどスミレの種類が多く、高山から人里までさまざまなスミレの仲間が自生している。数あるスミレのなかの代表種が本種である。花の形が大工道具の「墨入れ」に似ていることからこの名があるといわれ、転じてスミレとなったという説がある。マンジュリカの別名でも呼ばれる。草丈は7～15cmで、地下茎から花と葉を伸ばす。果実は3つに分かれ、種子を四方に飛び散らせる。距は濃紫色。花の内側には毛が多い。地上茎はない。

花は濃紫色で美しい。葉はへら形で、やや厚みがある。

見てみよう

山菜としてのスミレ

万葉の昔は、スミレを山菜として食べていた。新潟ではオオバキスミレを今も食べる。また、葉柄の両側が翼状に発達するのがスミレの特徴の一つ。

ヒメスミレ

【姫菫】

学名	*Viola inconspicua* ssp. *nagasakiensis*
別名	
科名	スミレ科
属名	スミレ属
花期	4月
分布	本州、四国、九州

距は緑白色に紫色の斑点がある。

スミレを小さくしたような可憐な姿

植物名にヒメとついていると、その種が小さいことを示すことが多い。本種もスミレの仲間のなかで比較的小形である。花は直径1～1.5cmで濃紫色。花の内側は有毛。よく似たスミレ（p233）とは、葉の形の違いで見わける。本種の葉は細長く、長さ2～4cm。葉柄に翼《よく》がない。表面は暗緑色で、若い葉の裏面は紫色を帯びるものが多い。草丈は3～8cm。人家の周りに多く、日当たりのよい人家近くの道端や庭の隅などでよく見られる。ヒナスミレ（p237）は名前がそっくりだが別種。

見てみよう

スミレは葉で見わける

スミレとヒメスミレはとてもよく似ている。ヒメスミレのほうが小さく、葉柄が翼状に発達しないところで見わける。

コスミレ

【小菫】

学名	*Viola japonica*
別名	
科名	スミレ科
属名	スミレ属
花期	3～4月
分布	本州、四国、九州

淡紫色の花には紫色のすじが入る

名前はコスミレだが、草丈6～12cmと特別小さいほうではない。花は直径1.5～2cm。花の形や色は地域や環境によって変化し、白っぽいものから淡紅紫色まで変異が大きく、紫色のすじが目立つ。花の内側には毛がある場合とない場合がある。見わけるのが難しいスミレの一つなので、葉をしっかり見る。葉の形は卵～長卵形で丸みが強く、裏面は淡紫色を帯びる。夏の葉は三角形で大きくなり、葉柄に翼はない。人家の周りだけでなく、やや標高の高い人里にも生える。

花弁は長さ1～1.5cmで、幅がせまい。

見てみよう

葉の形

コスミレは個体変化が大きい。関東では花の内側に毛がないものが多いが、関西には毛があるものもある。葉の形も見わけのポイント。

エイザンスミレ

【叡山菫】

学名	*Viola eizanensis*
別名	
科名	スミレ科
属名	スミレ属
花期	4～5月
分布	本州、四国、九州

花期の葉は長さ5～9cm、花後は10～15cm。

大きな花は香りも楽しませてくれる

名前は比叡山で発見されたことにちなむが、同地に多いわけではなく、太平洋側の低山に多い。日本のスミレのなかでは花は大きく、直径2～2.5cmほどになる。花色は淡紅紫～白色まで変化が大きい。花の内側には毛が多く、芳香が強いものもある。葉は大きく3つに分かれ、さらに細かく裂ける。日本に自生するスミレで葉が切れ込むのは本種とヒゴスミレ、ナンザンスミレだけなので見わけやすい。草丈は5～15cm。山地の林や草地などに生える。

見てみよう

葉が深く切れ込む

エイザンスミレは葉に特徴があるので見わけやすいが、スミレの仲間は花の細部もよく見よう。本種の花の内側の左右には毛が生えている。

ヒナスミレ

【雛菫】

学名	*Viola tokubuchiana* var. *takedana*
別名	アラゲスミレ
科名	スミレ科
属名	スミレ属
花期	4～5月
分布	北海道（南部）、本州、四国、九州

1
2
3
4
5
6
7
8
9
10
11
12

開花期が早く、ほかのスミレに先がけて咲く

枯れ葉に埋もれるように繊細な花をつける。花は淡紅色で距《きょ》も同色、内側に毛が多い。直径1.5～2cm。花が美しいところからヒナスミレと名づけられた。葉は細長いハート形で、ぎざぎざがある。葉の裏面は紫色を帯びることが多いが、淡緑色のものもある。最初に出る葉は毛がないが、次第に毛が生えてくる。開花期の草丈は3～8cm。山地の林縁などで見かける。開花は他のスミレ類より少し早いので、一緒に見ようとしてもタイミングが合わないことが多い。

花は淡紅紫色。スミレのプリンセスとも呼ばれる。

見てみよう

葉に模様がある

スミレの仲間の葉は、変化が大きい。通常ヒナスミレの葉に模様はないが、まれに白い斑入りの葉を持つフイリヒナスミレもある。

ナガバノスミレサイシン

【長葉の菫細辛】

学名	*Viola bissetii*
別名	
科名	スミレ科
属名	スミレ属
花期	4～5月
分布	本州（関東地方以西の太平洋側）、四国、九州

葉がスミレサイシンに比べてほっそりしている。

見てみよう

花と葉を見る

花の後ろの部分（距）が、白くぷっくりと丸く短いのが特徴。花の内側には毛がない。日本海側には葉が幅広いスミレサイシンが生える。

花が咲くころ葉は完全に開かない

スミレサイシンに比べて葉が細長いのでナガバノスミレサイシンと名づけられた。地上に茎はない。春の花が咲くころには、葉が完全に開いていないことも多い。花の直径は2～2.5cm。花は大きく淡紫色で、白色に近いものもある。葉は長さ10cmほどで、幅が狭く先端がとがるのが特徴。草丈は5～12cm。スミレサイシンは日本海側に分布するが、本種は太平洋側の雪の少ない地方に分布する。半日陰を好み、山地や丘陵、明るい林下に生える。

サクラソウ

【桜草】

学名	*Primula sieboldii*
別名	ニホンサクラソウ
科名	サクラソウ科
属名	サクラソウ属
花期	4～5月
分布	北海道、本州、九州

野生のサクラソウは貴重な存在

その名のとおり、花の形がサクラの花に似ている。江戸時代には荒川沿いに多く見られ、サクラソウ見物は年中行事の一つだったとか。それも現在では埼玉県浦和市の田島ヶ原に群生地が残るのみで、特別天然記念物に指定されている。各地の自生地は減少の一途だ。低地のものはまれで、本来は山地の草原に生える野草。園芸植物としても親しまれ、現在では400種ほどの品種がある。花は紅紫色で直径2～3cm。草丈は15cmほど。葉や花茎《かけい》に白く縮れた毛がある。

埼玉県の県花である。紅紫色の花の中心は白い。

見てみよう

雌しべの長短

雌しべが長い個体と短い個体の2種類がある。この写真のサクラソウは雌しべが短いタイプで、外から雌しべが見えない。

ジロボウエンゴサク

【次郎坊延胡索】

学名	*Corydalis decumbens*
別名	スモトリクサ
科名	ケシ科
属名	キケマン属
花期	4～5月
分布	本州（関東地方以西）、四国、九州

花の姿が細長くて弱々しく、はかなげな印象だ。

早春を告げる紫色の花

伊勢地方では、花の後ろにある距をからませて引っかけ合い強さを競う草花遊びがあり、本種を次郎坊、スミレを太郎坊と呼ぶ。また、この仲間の塊茎《かいけい》を乾燥させた漢方薬をエンゴサクと呼んだので、ジロボウエンゴサクと名づけられた。茎の高さは10～20cmで、先端に筒形の花がまばらに咲く。花の長さは1.2～2.2cmで、先は唇形状に開く。花の色には紅紫から青紫まで変異があり、まれに白花も見られる。明るい林や草地などに生える。花《か》茎《けい》には葉が2枚つく。

見てみよう

小さな苞《ほう》に目を向ける

花のすぐ下にある葉を苞と呼ぶ。ジロボウエンゴサクとエゾエンゴサクの苞は切れ込みがない。ヤマエンゴサクには深い切れ込みがある。

ヤマエンゴサク

【山延胡索】

学名	*Corydalis lineariloba*
別名	ヤブエンゴサク
科名	ケシ科
属名	キケマン属
花期	4～5月
分布	本州、四国、九州

葉の幅や花の色には変化が多い

花のつけ根にある苞が深く切れ込んでいるのが特徴。近縁種《きんえんしゅ》で苞《ほう》に切れ込みがなく北海道から本州中部以北に分布するエゾエンゴサクがある。本種には小葉の幅が広いものや、細く糸状になるものがある。地下に直径1cmほどの塊茎《かいけい》があり、かつては婦人病や鎮痛薬などに用いられた。塊茎から1本の茎を出し、先端に花序をつける。花の長さは1.5～2.5cmで、青～青紫色まで花色に変化が多い。草丈は10～20cm。平地から低山の林の下などに生える。

エンゴサクの仲間の花は独特で後半分は距になる。

見てみよう

櫛状に切れ込んだ苞

花の下にある小さな葉（苞）に注目。ヤマエンゴサクの苞には深い切れ込みがあるがエゾエンゴサクにはない。小さな部分にも意味がある。

ムラサキケマン

【紫華鬘】

学名	*Corydalis incisa*
別名	ヤブケマン
科名	ケシ科
属名	キケマン属
花期	4～6月
分布	日本全土

野の花とも思えないほど美しい。

変わった花の形 紅紫の花が目立つ

「華鬘《けまん》」とは仏像の胸あたりの装飾品で、同属の園芸植物ケマンソウがこれに似ているのが名前の由来。草丈20～50cm。葉は2～3回羽状に細かく裂け、長さ3～8cm。花序は直立し、花茎《かけい》の上方にびっしりつく。花は紅紫色。長さ1.2～1.8cmの筒状で、先端外側は上下に開き、後ろは距になり内側には蜜腺《みつせん》がある。果実は1.5cmほどの長だ円で、柄の先に曲がって下向きにつく。熟すと2つに裂け、種子をはじき飛ばす。野原や林縁で普通に生え、時に小群落となる。

見てみよう

紫でないムラサキケマン

ムラサキケマンの花は全体に紫色のものが多いが、まれに花の先端以外が白いものがあり、シロヤブケマンと呼ばれる。

ショウジョウバカマ

【猩々袴】

学名	*Helonias orientalis*
別名	
科名	シュロソウ科
属名	ショウジョウバカマ属
花期	4～5月
分布	北海道、本州、四国、九州

低地から高山まで春を告げる花

「猩々《しょうじょう》」とは、赤毛・赤ら顔をした中国の伝説上の動物で、花を猩々の頭に、ロゼット状に広がる葉を袴に見立てたという説がある。花茎《かけい》の高さ10～30cm。長さ1～1.5cmの花序は、6枚の花被片《かひへん》をもつ花がいくつも集まって一つの花のように見える。葉は長さ5～20cm、常緑で光沢と厚みがある。葉先が地面につくと芽と根を出して子苗をつくることもある。山野の谷沿いの斜面や水分の多い場所に生える。本州、四国にはシロバナショウジョウバカマが分布する。

花が終わると、花茎が伸びて50～60cmになる。

見てみよう

花が咲いている？

写真の花の状態はつぼみのように見えるが、雌しべが出て、咲いている状態。この後花は開き、雄しべも出てくる。時間差で雌雄がかわる。

カタクリ

【片栗】

学名	*Erythronium japonicum*
別名	カタコ、ブンダイユリ、カタカゴ、カタカシ
科名	ユリ科
属名	カタクリ属
花期	4～6月
分布	北海道、本州、四国、九州

若葉は山菜として食べられる。

うつむくような花 春植物の代表格

古名カタカゴの転訛で、「傾いた、かご状の花」ともいわれる。日が当たると花びらが強く反り返る花の形からこの名がついた。「スプリング・エフェメラル（春植物）」の一つで、早春、落葉樹林の林床に群生し、ほかの植物が育つころには地上から姿を消す。種子の先につく物質のエライオソームはアリの好物で、アリに種子を遠くまで運ばせて広がる。花茎《かけい》の高さ20～30cm。茎の先に淡紅紫色の花を下向きに1個つける。葉はやや厚めで、通常は紫褐色の斑紋が入る。

見てみよう

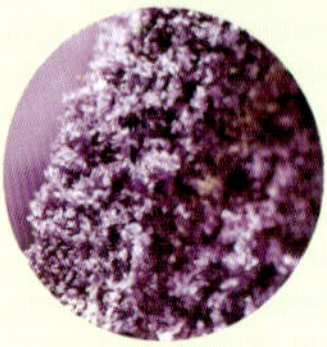

花粉を観察してみよう

カタクリの花粉をルーペで拡大してみよう。紫色の米粒のようなつやつやした花粉がたくさん見えてくる。色の濃淡はさまざまだ。

カタクリの生態

朝、花は下を向き閉じ、気温が上がると開いて反り返る。

花被片《かひへん》にはＷ字の模様があり花によって形が微妙に異なる。

地中の鱗茎《りんけい》から地上まで伸びるため芽の先端は堅い。

つぼみは白っぽく、２枚の葉に守られて出てくる。

花がないときの葉は１枚で、模様があるか、または緑一色。

春の間に結実する。４月下旬に果実が熟すことも。

シラン

【紫蘭】

学名	*Bletilla striata*
別名	
科名	ラン科
属名	シラン属
花期	４～５月
分布	本州（中南部）、四国、九州、沖縄

日当たりがよく水分の多い場所に生え、花の直径が5cm程度にもなる大きく美しい野生ラン。園芸植物として植えられることが多く、自然状態で見られることは少ない。花茎の高さ30～70cm、花は数個つく。

ネジバナ

【捩花】

学 名	*Spiranthes sinensis* var. *amoena*
別 名	モジズリ、ネジガネソウ
科 名	ラン科
属 名	ネジバナ属
花 期	5～8月
分 布	北海道、本州、四国、九州

花の直径は5mm程度。

小さな花の身近な野生ラン

日当たりのよい草地を好む。山野の草地だけでなく、公園の芝生や道端の草地、ゴルフ場などの人里近くにも生える。花茎《かけい》に花がらせん状に並び、ねじれながら咲いていくことから名前がついた。下から時計回りにねじれていくが、ねじれない個体や、反時計回りの個体もある。別名はモジズリ。捩《もじ》れ模様に染めた絹織物の一種が、本種のらせん状にねじれた花序に似ていることにちなむ。葉は幅0.3～1cm、長さ5～20cmと細長い。花茎は高さ10～40cmになる。

見てみよう

ガラス器のような花

ネジバナの花は小さいが、ルーペでよく見てみると唇弁《しんべん》はガラス細工のように細かくふち取りがされ、まるで園芸種のランのように美しい。

サイハイラン

【采配蘭】

学名	*Cremastra appendiculata* var. *variabilis*
別名	ハックリ、ホウクリ
科名	ラン科
属名	サイハイラン属
花期	5～6月
分布	北海道、本州、四国、九州

地面から生える大形のラン

細長い花被がたれ下がる様子を、軍陣の指揮に用いた「采配」に例えたのが名前の由来。長さ3cmほどの淡緑褐色～紅紫色の花が、10～20個つく。花は最盛期には横を向くが、その後、下向きに垂れてくる。花茎《かけい》の高さは30～50cm。葉は長さ15～35cmの先がとがった長だ円形。地下茎に、茎の一部が肥大した卵形の偽球茎《ぎきゅうけい》が1年に1個でき、そこから1～2枚の葉が出る。花が美しいランの仲間は盗掘されやすい。注意して観察する必要がある。

武将が振った采配に似た花。

マヤラン

葉がない寄生ラン

マヤランは菌類に寄生して養分を得ているので光合成する必要がない。都市部の公園にもまれに生える。神戸市の摩耶山で見つかったのが名前の由来。

サギゴケ

【鷺苔】

学名	*Mazus miquelii*
別名	ムラサキサギゴケ
科名	サギゴケ科
属名	サギゴケ属
花期	4～5月
分布	本州、四国、九州

1 2 3 4 5 6 7 8 9 10 11 12

春、あぜなどに小さな紫色の花がたくさん咲く。

田のあぜに群生し匍匐茎《ほふくけい》を伸ばす

紫色の小さな花の形が翼を広げたサギを思わせ、苔のように地面に広がるのが名前の由来。高さ10～15cmの花茎《かけい》に、長さ1.5～2cmの淡紫色～紅紫色の花をまばらにつける。花は筒状で先端は上下に分かれ、下唇のほうが大きく黄色と赤の斑紋がある。雌しべの先はへら形で上下に分かれ、触れると閉じ、しばらくすると開く柱頭運動《ちゅうとううんどう》をする。花の終わるころから地をはう枝を伸ばして広がる。よく似たトキワハゼ（右頁）は花が小さく匍匐茎《ほふくけい》がない。

見てみよう

シラサギのように白い

白花がサギゴケと名づけられ、後から見つかった紫色の花がムラサキサギゴケとされたが、両者は品種が異なるだけで、通常は区別しない。

トキワハゼ

【常磐黄櫨】

学名	*Mazus pumilus*
別名	ナツハゼ
科名	サギゴケ科
属名	サギゴケ属
花期	4～11月
分布	日本全土

サギゴケに比べて花期が長い

春から秋までいつも花をつけているので、常盤（いつも変わらない）の名がついた。全体がサギゴケ（左頁）に似るが、枝が地をはわないことや、サギゴケより花が小さく、やや乾いたところを好むことで見わけられる。草丈5～20cm。長さ1cmほどの唇形の花を茎の先にまばらにつける。上唇は淡紅紫色で、下唇は紫色を帯びた白色で黄色と赤の斑紋がある。根元の葉は2～5cmで、茎の上部ほど小さい葉になる。道端や畑などで普通に見られる。

サギゴケと同じように柱頭運動をする。

見てみよう

昆虫を案内する

花の下唇部には黄色い斑点がある。これは昆虫に蜜のありかを示すもの。丁寧にも足場になりやすい毛まで生やし、昆虫を待っている。

カキツバタ

【杜若、燕子花】

学名	*Iris laevigata*
別名	
科名	アヤメ科
属名	アヤメ属
花期	5～6月
分布	北海道、本州、四国、九州

湿原では時に大群落になる。

3枚ある外花被片《がいかひへん》には白一文字

昔、花の汁を布にすりつけて染めたので「書きつけ花」と呼ばれたものが、カキツバタに転訛したのが名前の由来という説がある。アヤメの仲間はどれもよく似るが、カキツバタは最も湿地を好んで群生する。すらりと伸びた葉と濃紫色の花が、初夏らしく水辺によく合う。高さ40～80cmの花茎《かけい》の先に花を2～3個つける。6枚の花被片のうち、外側3枚は長さ6～7cmほどで大きくたれ下がり、内側3枚は細長く立つ。葉は長さ30～60cmの剣形で中脈は隆起しない。

見てみよう

白色が蜜の目印

紫色の花に目立つ白いすじがある。これは昆虫に花粉や蜜のありかを教えている目印。ノハナショウブはここが黄色く、葉の中脈が目立つ。

アヤメ

【菖蒲】

学名	*Iris sanguinea*
別名	カオバナ、カオヨバナ、フデバナ、カキツ、カイツバタ
科名	アヤメ科
属名	アヤメ属
花期	5～7月
分布	北海道、本州、四国、九州

花に美しい綾目模様がある

花の綾目模様、あるいは剣形の葉が並び立っている様子が文目《あやめ》模様に見えるのが名の由来といわれる。昔は菖蒲《しょうぶ》（サトイモ科）をアヤメと呼んだ。高さ30～60cmの花茎《かけい》に数個の花をつける。外花被の裂片は長さ約6cm。鮮やかな紫色の花は見事。外花被片《がいかひへん》の基部には黄色と紫色の虎斑や網目模様が入る。葉は長さ30～60cm、中脈は目立たない。アヤメの仲間では最も乾いたところを好み、草原などに自生する。同属のノハナショウブは、園芸品種のハナショウブの原種。

野山の草原に大群落をつくる。

ヒオウギアヤメ

花の上に注目

アヤメは花の内側に3枚の花被片が直立するが、ヒオウギアヤメはあまり目立たない。ヒオウギアヤメはアヤメよりも湿原のような環境を好む。

ニワゼキショウ

【庭石菖】

学名	*Sisyrinchium rosulatum*
別名	ナンキンアヤメ
科名	アヤメ科
属名	ニワゼキショウ属
花期	5～6月
分布	北アメリカ原産 日本全土に帰化

全体に小さな花で葉も小さい。

花の下側に球状の子房がある

庭に植えられ、葉がサトイモ科のセキショウに似ているので、この名がついた。明治20年ごろ日本に渡来し、現在は日当たりのよい芝生や道端などに野生化している。草丈10～20cm。葉は平たい線形で長さ約10cm、根際からたくさん生える。直径1.5cmほどの6枚の花被片《かひへん》が下部で合着した花は紫色～白紫色で変化が大きく、中心には黄色、濃紫色のすじが入る。花は次々に咲くが、1日でしぼむ。花の後にできる果実は直径3mmほどで丸く、熟すと3つに割れる。

オオニワゼキショウ

丈は高いが花は小さい

草丈30cm程度になるが、花は直径1cm。オオニワゼキショウはニワゼキショウより花が小さい。別名アイイロニワゼキショウ。

ムシトリナデシコ

【虫捕り撫子】

学名	*Silene armeria*
別名	ハエトリナデシコ、コマチグサ
科名	ナデシコ科
属名	マンテマ属
花期	5～6月
分布	ヨーロッパ原産 北海道、本州、四国、九州に帰化

食虫植物ではないが虫を捕る

茎の粘液で虫を捕ると思われたのが名の由来。実際、枝から分泌する粘液に小さな虫がくっついていることがあるが、食虫植物ではない。日本には江戸時代に観賞用として渡来した帰化植物。全体が粉白色を帯びた緑色でなめらか。草丈は30～60cmで、長さ3～5cmの卵形の葉が対生し、葉の基部は茎を抱く。多数の短い枝を出して紅色の花をつける。1個の花は直径1cmほどで小さいが、密集してつくので見栄えがする。花色は変化が大きく淡紅色や白いものもある。

河原などでは大群落になっている。

触ってみよう

べたべたするのは一部

茎の一部に粘液がある。アリなどの昆虫に蜜や花粉を盗られないようにするための仕組みで、食虫植物ではない。写真の部分はべたべたしない。

ムラサキカタバミ

【紫傍食】

学名	*Oxalis debilis* ssp. *corymbosa*
別名	キキョウカタバミ
科名	カタバミ科
属名	カタバミ属
花期	5～7月
分布	南アメリカ原産 日本全土に帰化

道端や人家のまわり、畑などに群生する。

夜間など気温が低いときは花が閉じる

江戸時代末期に観賞用として渡来したといわれ、広く帰化している。花茎《かけい》は高さ10～25cm。花は紅紫色で、直径1.5cm程度。花の中心部は白く、雄しべの先端の葯《やく》も白い。花を咲かせても花粉がないので結実せず、球根で増える。本種の球根は鱗茎《りんけい》と呼ばれ、地下で葉が肥大し変化したもの。小さな鱗茎をたくさんつくって増殖する。よく似た帰化植物に、花の直径が3cmほどで大きいハナカタバミ、花色が全体に濃く花の直径が1cm程度のベニカタバミがある。

触ってみよう

鱗茎を確かめる

本種の鱗茎を掘りあげてみよう。ユリ根と同じように鱗状にばらばらと分かれるのがわかる。よく似たイモカタバミ（右頁）の塊茎《かいけい》は硬く節がある。

イモカタバミ

【芋傍食】

学名	*Oxalis articulata*
別名	フシネハナカタバミ
科名	カタバミ科
属名	カタバミ属
花期	4～9月
分布	南アメリカ原産。本州（秋田・宮城県以南）、四国、九州に帰化

もともと園芸植物 よく似た花も多い

根の上部に、直径1cm程度のイモ状の塊茎《かいけい》を多数つけるので、イモカタバミと名づけられた。観賞用に植えられていたものが野生化し、道端や公園の草地などで増えている。高さ15～25cmの花茎《かけい》を伸ばす。直径1.5cmほどの花は紅紫色で、中心部ほど濃く、濃紅紫色になる。花には濃紅色の線が目立つ。雄しべは10個あり、5個が長く、5個は短い。雄しべ先端の葯《やく》の色は黄色。よく似たムラサキカタバミ（左頁）は、葯が白色なので本種と見わけることができる。

ひとたび野生化すると塊茎が分かれてどんどん増える。

触ってみよう

糸遊びしてみよう

イモカタバミとムラサキカタバミの葉柄《ようへい》には、強い繊維質の糸状のものが通っている。うまく葉柄の外側をはずすと、糸遊びができる。

ノアザミ

【野薊】

学名	*Cirsium japonicum*
別名	コアザミ
科名	キク科
属名	アザミ属
花期	5～8月
分布	本州、四国、九州

春の野山でアザミの花を見たらたいていノアザミ。

春から野山で見られるアザミ

秋咲きの種が多いアザミ類で本種は例外的な春咲き。人里近くの野原などに生育する。草丈は50～100cm。葉は羽状に深く裂けて、ふちに鋭いとげがある。アザミの仲間は鋭くとげとげした葉をもつものが多い。根生葉《こんせいよう》は花の時期にも残る。頭花《とうか》は直径4～5cmの紅紫色で、枝先に上向きにつき、多数の細長い筒状花《とうじょうか》だけが集まった花が咲く。花の下の総苞《そうほう》は球形で、総苞片《そうほうへん》は反り返らない。雄しべが先に熟し、咲きはじめの花を刺激すると雌しべが伸びて、花粉が押し出される。

触ってみよう

鋭いとげに注意

ノアザミの花の下にある総苞《そうほう》（トップ写真）を触ると、べたっと粘るのが特徴。ただし、葉や茎に鋭いとげがあるので触るときには注意しよう。

ノハラアザミ

【野原薊】

学名	*Cirsium oligophyllum*
別名	
科名	キク科
属名	アザミ属
花期	8～10月
分布	本州（中部地方以北）

野原に多く総苞片は斜めに上がる

野原に多く生えるアザミが名前の由来で、植物学者の牧野富太郎が命名。夏から秋咲きのアザミで、乾いた草地でよく見られる。草丈40～100cm、葉は羽状に深く裂けて、ふちに鋭いとげがある。根《こん》生葉《せいよう》の長さは30cmほどで、花期にも残る。頭花は直径2cmほどの紅紫色で、枝先に2～3個集まって上向きにつく。総苞《そうほう》は鐘形で、総苞片《そうほうへん》は斜めに立ち、触っても粘らない。関東周辺では葉の切れ込みが深く総苞片が大きく反り返るタイアザミが多い。

根生葉が花期にも残るのが特徴。

触ってみよう

根生葉がある

アザミの仲間は花期に茎の根元に葉があるかないか、花の向き、花の下側の総苞の形が見わけるポイント。とげが多いので注意して観察しよう。

アメリカオニアザミ

【亜米利加鬼薊】

学名	*Cirsium vulgare*
別名	ヨウシュオニアザミ
科名	キク科
属名	アザミ属
花期	7～9月
分布	ヨーロッパ原産 北海道、本州、四国に帰化

1
2
3
4
5
6
7
8
9
10
11
12

美しい花だがとげが多く、駆除は難しい。

スコットランドの紋章に描かれる

北米から輸入された穀物や牧草に混ざって持ち込まれた。草丈50～100cm、葉は羽状に裂けて、根生葉《こんせいよう》は花期には残らない。葉の上面には堅い短毛があり、下面は白い綿毛で覆われる。在来のアザミの仲間と異なり、葉のふちだけでなく全体に鋭いとげをもつひれ（翼）があり、触るとけがをすることがある。長さ3～4cmの淡紅紫色の頭《とう》花《か》を1～3個上向きにつける。花の下の総苞《そうほう》は卵状球形で、総苞片《そうほうへん》が反り返り、触っても粘らない。外来生物法の要注意外来生物に指定。

触ってみよう

大きく飛び立つ

ふわふわの綿毛がついているアメリカオニアザミの果実。これが飛んでどんどん日本中に生息域を増やしている。もともとは北海道に多かった。

キツネアザミ

【狐薊】

学名	*Hemisteptia lyrata*
別名	
科名	キク科
属名	キツネアザミ属
花期	5～6月
分布	本州、四国、九州、沖縄

アザミのようでいてアザミではない

古い時代に農耕とともに大陸から渡来した史前帰化植物といわれる。花がアザミに似るがよく見ると異なることを、キツネにだまされたという意味にとらえた名前。羽状に深く裂けた葉は、柔らかくてとげはなく、裏面は白い綿毛に覆われる。草丈は60～90cmになる。長くまっすぐな茎は上部で枝分かれし、直径2.5cmほどの紅紫色の頭花をいくつもつける。総苞片《そうほうへん》に紅紫の突起があるのが特徴。道端や空き地、田畑などで普通に見られる。若葉は食用となる。

花が終わると綿毛となる。

触ってみよう

葉も変わっている

アザミに似ているのにアザミではないのがキツネアザミ。触ってみると、葉は柔らかく、全体に複雑な切れ込みがあるが、とげはない。

アメリカフウロ

【亜米利加風露】

学名	*Geranium carolinianum*
別名	
科名	フウロソウ科
属名	フウロソウ属
花期	5～9月
分布	北アメリカ原産。本州（宮城県以南）、四国、九州、沖縄に帰化

茎には、細かい毛が密に生えている。

見てみよう

葉の特徴にも注目

フウロソウ科は本種以外にもオランダフウロなどの帰化が増えている。葉の切れ込みや深さも見わけるポイントである。

突き出す果実がよく目立つ

昭和の初期に渡来し、1932年に京都の南部で発見され、現在では日本に広く帰化している。茎はよく枝分かれし、基部ははって、先端が斜めに立ったり、他物に寄りかかりながら、高さ10～60cmに育つ。茎や枝の先に淡紅色から白色に近い色の5弁花を、2～6個咲かせる。花は直径約1～2cm。果実は長さ1.7～2cmで、直立する。種子の表面には網目模様があり、果実は熟すと裂けて種子が飛ぶ。空き地や道端、野原、土手などに生える越年草。

ガガイモ

【蘿藦】

学名	*Metaplexis japonica*
別名	カガミグサ、カガミ、ジガイモ、ゴガミ
科名	キョウチクトウ科
属名	ガガイモ属
花期	8月
分布	北海道、本州、四国、九州

1
2
3
4
5
6
7
8
9
10
11
12

小さな星形の花と大きな葉が目印

河原や山野の草地に生える多年生のつる植物。つるは草木にからむがあまり上には伸びず、丈の低い植物にからんでいることが多い。葉は長いハート形で、長さ5～10cm。葉のつけ根から枝を出して小さな星形の花を十数個つける。花色は淡紅紫色～白色で直径1cm程度。花弁の内側には細かい毛が密生していて白っぽく見える。秋には果実が実り、裂けると中から多数の種子が出てくる。種子には絹糸のような細く長い毛が生え、風に乗って飛んでいく。

茎を切ると、白い乳液が出る。

触ってみよう

たくさんの種子が入る

ガガイモの果実の中には長く伸びる綿毛と小さな種子がたくさん入っている。熟すと裂けて開き、丸木舟のような形になる。

ヒルガオ

【昼顔】

学名	*Calystegia pubescens* f. *major*
別名	アメフリバナ
科名	ヒルガオ科
属名	ヒルガオ属
花期	6～8月
分布	北海道、本州、四国、九州

若芽やつるの先のやわらかい部分は食用になる。

淡紅色の花が優雅に咲く

名前のイメージで、朝咲くのがアサガオ、昼咲くのがヒルガオと思われがちだが、実際には本種は日の出のころに開花する。つるはほかの植物や垣根などにからみつき上方へ伸びる。葉腋から長さ3～4cmの花柄を出し、花を1個つける。花の直径は5cm。日当たりのよい野原や道端、空き地などに生える。コヒルガオ（右頁）と見わけるポイントは、コヒルガオの花柄の上部についているひれ状の翼《よく》。何もついていないすっきりとした花柄だったら本種だ。

見てみよう

葉の基部を見よう

ヒルガオの葉の基部は2つに分かれる。コヒルガオは、分かれた葉の基部がさらに2つに分かれる。葉の基部でもコヒルガオと見わけられる。

コヒルガオ

【小昼顔】

学名	*Calystegia hederacea*
別名	
科名	ヒルガオ科
属名	ヒルガオ属
花期	6～8月
分布	本州、四国、九州

地下茎が地中をはい繁殖地を広げる

ヒルガオ（左頁）に比べて花や葉が小形なことから名づけられた。つる性の多年草で、つるはほかのものに左巻きにからみついて1～2m伸びる。花の大きさは直径3cm程度で、淡紅色。ヒルガオと見わけるポイントは、コヒルガオは花柄の上部に縮れたひれ（翼）があること。これは本種だけの大きな特徴だ。地下茎を深く張りめぐらせているので、地上部をいくら刈っても地下茎は残り、再び生長を始める。乾燥に強く、日当たりのよい道端や荒れ地に生える。

葉のわきから花柄を出し、花を1個咲かせる。

見てみよう

葉の基部が張り出す

コヒルガオの葉の基部は張り出し、さらに2つに分かれる。ヒルガオの葉の基部は張り出すが、分かれない。見わけのポイントの一つ。

ユウゲショウ

【夕化粧】

学名	*Oenothera rosea*
別名	アカバナユウゲショウ
科名	アカバナ科
属名	マツヨイグサ属
花期	4～10月
分布	北アメリカ原産 日本全土に帰化

空き地や道端、河原などで、ときに群落となる。

ピンクの花弁には紅色の脈が目立つ

観賞用に栽培されていたものが野生化した帰化植物。夕方に咲くから夕化粧という名前がついているものの、実際には日の出前に咲いて、夕方、日没のころにしぼむ。草丈20～50cm。花の直径は1.5cm程度。雌しべは4裂する。紅紫色の花弁は4枚。「ユウゲショウ」はオシロイバナの別名として使われることもあり、オシロイバナ（p305）と区別するためにユウゲショウをアカバナユウゲショウと呼ぶこともある。よく似た花に、ヒルザキツキミソウがある。

ヒルザキツキミソウ

大きな花が目立つ

ヒルザキツキミソウは淡桃色で直径5cm程度の花を咲かせる。北アメリカ原産の帰化植物。草丈60cmほど。日本各地で野生化している。

チダケサシ

【乳茸刺】

学名	*Astilbe microphylla*
別名	
科名	ユキノシタ科
属名	チダケサシ属
花期	6～8月
分布	本州、四国、九州

花序は高く伸び 横に出る枝は短い

山野のやや湿ったところに生える草で、ときに群落になる。丈夫な細長い茎がまっすぐ伸び、草丈は30～80cmになる。山に入った人が、食用になるチダケ（乳茸）というキノコを本種の茎に刺して持ち帰ったことが名前の由来といわれる。茎や葉柄に褐色の長い毛があり、葉は複葉でふちには不ぞろいの鋸歯がある。円すい状にたくさんついた小花の淡い紅色が美しい。1個の花は直径4mmで小さいが、5個の花弁と萼、10個の雄しべと2個の雌しべがある。

まっすぐに伸びる茎に、淡い紅色の花が美しい。

見てみよう

淡いピンクの花穂と葉

小さな花が房状に咲く植物を「ショウマ」と呼ぶことが多い。チダケサシは「ショウマ」によく似ている。葉の形にも注目しよう。

ツタバウンラン

【蔦葉海蘭】

学名	*Cymbalaria muralis*
別名	ウンランカズラ、ツタガラクサ
科名	オオバコ科
属名	ツタバウンラン属
花期	5～10月
分布	ヨーロッパ原産 日本全土に帰化

茎はつる状に長く伸び、地面を覆う。

都会のなかでしぶとく生きる

近年増えてきた帰化植物で、道端や生け垣、コンクリートの透き間などに生える。名前は葉がツタの葉に似ており、花の形態がウンランに似ていることからつけられた。花の長さは7～9mmで、薄青紫色に暗い紫色のすじが入る。花は上唇と下唇に分かれ、下唇基部に2つの膨らみがあり、白～黄色になってよく目立つ。花の後ろの部分には距《きょ》があり、蜜がたまっている。葉はツタのような円形で、直径1cm程度のものが多いが、5cmほどの大きさになる葉もある。

マツバウンラン

花は小さい

北アメリカ原産の帰化植物。空き地や草地、芝生などに生える。紫色の唇形の花を穂状《すいじょう》に咲かせる。草丈は50cmほどで、葉は針状で細長い。

ヒメツルソバ

【姫蔓蕎麦】

学名	*Persicaria capitata*
別名	カンイタドリ
科名	タデ科
属名	イヌタデ属
花期	5～8月
分布	中国南部～ヒマラヤ原産。本州（関東地方以西）、四国、九州、沖縄に帰化

小さな花が集まって球状の花序をつくる

明治時代に渡来し、園芸植物として栽培されていたが、1960年代以降、都市部を中心に急速に分布を広げてきた帰化植物。市街地や家の庭先、石垣などに生える多年草。高温や乾燥に強い。茎は褐色で地をはい、枝分かれをしながらマット状に広がる。茎の先端に、ぎゅっとかたまった花序を1～3個つける。花序の長さは0.8～1.2cm、白～淡紅紫色で球状になる。葉は小さなだ円形で、中央には暗緑色～暗紫色の逆V字形の模様が入って目立つ。

コンクリートの透き間などにも生える。

見てみよう

葉のV字形の斑が特徴

ヒメツルソバの葉は卵形で先端はとがる。紫褐色で広いV字形の斑が入るが、このV字形の模様が目立つが、ない場合もある。

ママコノシリヌグイ

【継子の尻拭】

学名	*Persicaria senticosa*
別名	トゲソバ
科名	タデ科
属名	イヌタデ属
花期	5～10月
分布	日本全土

1
2
3
4
5
6
7
8
9
10
11
12

5mm ほどの花が集まって咲く姿は可憐だ。

花の上部は薄紅色で、下部は白い

山野の林や道端、水辺などのやや湿った場所に生える一年生のつる植物。茎や葉の裏、葉柄、花序の柄には下向きのとげがあり、この茎葉で尻をぬぐったらさぞかし痛いであろうというのが名前の由来だ。しかし、このとげにはほかの草木にからまりながら生長する役目があり、このとげのおかげで高さ1m程度はい登ることもある。盛んに枝分かれしながら広がり、その枝先に十数個の小花が丸く集まって咲く。葉は三角形に近い形で、基部がややへこむ。

触ってみよう

とげだらけの茎

全体に斜め下向きの鋭いとげがあるママコノシリヌグイ。葉の裏にまでとげがあり、これで尻をぬぐわれると思うと怖くなるほど。

アキノウナギツカミ

【秋の鰻攫】

学名	*Persicaria sagittata* var. *sibirica*
別名	アキノウナギヅル
科名	タデ科
属名	イヌタデ属
花期	6～9月
分布	北海道、本州、四国、九州

とげだらけでも花はとても美しい

茎に下向きの短いとげがたくさんあり、「ぬるぬるしたウナギでもつかめる」という例えから名前がついた。枝先に十数個の小花がかたまってつく。淡紅色の花弁に見えるのはじつは萼《がく》で、花弁はない。花後、萼が黒い果実を包むように花を包む。茎の下部は地面をはい、上部は立ち上がる。草丈は60～100cm。葉は細長く、長さ5～10cmで、互生する。葉の基部が矢じり形に張り出して茎を抱く。湿地や田の溝などに生え、休耕田などで一面に群生することがある。

ほかの草にとげを引っかけて、からだを安定させる。

触ってみよう

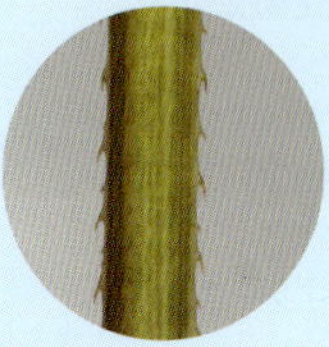

とげはからむために

茎には逆向きの鋭いとげが生えている。このとげでほかの植物などに引っかかりながら茎を伸ばし、枝を分けて広がっていく。

キキョウソウ

【桔梗草】

学名	*Triodanis perfoliata*
別名	ダンダンギキョウ
科名	キキョウ科
属名	キキョウソウ属
花期	5～7月
分布	北アメリカ原産 本州、四国、九州に帰化

だんだん咲き上がるユニークな花。

小さな花が だんだん咲き上がる

その名のとおり、キキョウ（p325）を思わせる青紫の花が咲くことから名づけられた。花が下から順にだんだん咲き上がっていくことから、ダンダンギキョウとも呼ばれる。花は葉腋《ようえき》に1～3個つく。はじめは下部にある、花が開かない閉鎖花が結実し、その後、上部の通常の花が咲いていく。草丈は30～80cm。柄のない葉は、直径1cmほどの幅広の円形で、茎を抱いて互生する。花は直径1.5～1.8cmの紫色で、先が5つに分かれる。日当たりのよい乾いた道端などに生える。

見てみよう

自家受粉を防ぐ

雄しべが花粉を出した後に、雌しべが開く、一人時間差性転換を行う。この写真は雄の状態の花で、右上の写真は雌の状態の花。

ゼニアオイ

【銭葵】

学名	*Malva mauritiana*
別名	
科名	アオイ科
属名	ゼニアオイ属
花期	6～8月
分布	地中海沿岸原産 日本全土に帰化

花にある濃紅紫のすじが目立つ

花の形を小銭に見立ててこの名がついたといわれる。江戸時代に渡来し、観賞用に栽培されているが、空き地などで野生化している。直径3.5cmほどの5弁花は、淡紫色で濃紫色のすじが入り中心の色が濃く見える。下から上へと順に咲き上がる。草丈は60～90cm、葉には浅い切れ込みがあり波打つ。この属の植物がもつ粘液には消炎や去痰作用があり、うがい薬などに利用する。ヨーロッパでは同属のウスベニアオイが、古くからハーブティーなどに利用されている。

花は茎の途中から出る。茎はほぼ無毛。

見てみよう

雄しべと雌しべが合体

アオイ科の植物の特徴の一つが、雌しべの周りを、たくさんの雄しべが囲んでくっついていること。ルーペで拡大して見てみよう。

イワタバコ

【岩煙草】

学名	*Conandron ramondioides*
別名	イワナ、イワヂシャ、ヤマヂシャ、タキヂシャ、ミズタバコ、ヤマタバコ、マツガネソウ
科名	イワタバコ科
属名	イワタバコ属
花期	6～8月
分布	本州（福島県以西）、四国、九州

渓流の岩壁などで静かに咲いている。

花をよく見ると中心がオレンジ色

名前は岩場に生えるタバコの意味で、葉がタバコの葉に似ることに由来する。とても短い茎に、長さ10～30cmの大きくてしわのある葉が垂れるようにつく。葉は冬に枯れるが、次の年に伸ばす新しい葉はすでにできていて、固く巻かれた状態で褐色の毛に覆われ越冬する。葉腋《ようえき》から花茎《かけい》を1～2本出し、紅紫色の星形をした花を多数つける。花は直径1.5cmほど。谷沿いの湿った岩場に生える。若葉は食用、葉を干したものは民間薬として利用。観賞用に栽培される。

触ってみよう

岩場に1枚の葉

葉は短い茎に1～2枚つく。触ると少し厚めで、表面はつるつるし、少しごわごわした感じがする。花のない時期も、葉で見わけられる。

ムラサキニガナ

【紫苦菜】

学名	*Lactuca sororia*
別名	
科名	キク科
属名	アキノノゲシ属
花期	6～8月
分布	本州、四国、九州

草は大きくても花はとても小さい

ニガナ（p136）に似た、小さな紫色の花をたくさんつける。草丈60～120cm。葉は互生し、茎の下部につく葉は羽状に裂け、上部にいくほど切れ込みが浅い小形の葉になる。茎も葉も、傷つけると乳液が出る。茎の上部で枝分かれし、直径は1cmほどの頭花《とうか》を下向きにつける。総苞《そうほう》の長さは1cmほど。果実は黒く、長さ3～3.5mmの長だ円体で白色の長い綿毛があり、風に乗って散布される。栽培されているレタスとは同じ仲間。山地の林縁に生える。

白いのは果実の冠毛。花は小さくて目立たない。

見てみよう

小さな綿毛で飛ぶ

ムラサキニガナはキク科の植物の多くと同じように、花が終わると実が熟し、綿毛が伸びる。タンポポと異なるのは綿毛の数が少ないこと。

カントウヨメナ

【関東嫁菜】

学名	*Aster yomena* var. *dentatus*
別名	
科名	キク科
属名	シオン属
花期	7～10月
分布	本州（関東地方以北）

花はかなり大きめで目立つ。

秋の野を彩る野菊の代表格

ヨメナの名前の由来は、ムコナ（シラヤマギク、p82）に対してついたといわれるが諸説ある。本種は中部地方以西に分布するヨメナの変種で関東地方より北に生えるため、この名がついた。田のあぜや水辺などに生える。草丈50～100cmで、地下茎を伸ばして増える。葉は互生し、鋸歯は小さくて少なく、表面はざらつかない。茎は枝分かれして、その先に頭花を1個つける。直径3cmほどの頭花は淡青紫色。ノコンギクなどとともに「野菊」と総称される。

見てみよう

果実の毛で見わける

野菊の仲間は見わけにくい。最終的に花が終わった果実に生えている冠毛で見わけるとよい。冠毛は0.5mm以下で短く、風で飛ぶことはない。

ノコンギク

【野紺菊】

学名	*Aster microcephalus* var. *ovatus*
別名	
科名	キク科
属名	シオン属
花期	8～11月
分布	本州、四国、九州

紺色というほど花は青くない

野山の明るい草地や乾いた道端で、普通に見られる野菊。観賞用の栽培品種に、花が濃青紫色の紺菊があり、それに対して野に生える紺菊の意味で名づけられた。地下茎を伸ばして広がって茂り、草丈は50～100cmになる。葉は長さ6～12cm、長だ円形でふちに大きな鋸歯がある。葉と茎に密生する短毛があり、触るとざらつく。よく枝分かれする茎の先に、直径2.5cmほどの青紫色の頭花を1個つける。果実の冠毛は長さ4～6mmで風に乗って運ばれる。

茎はよく枝分かれし、たくさんの花を一度につける。

見てみよう

長い冠毛が特徴

キク科の花は似ているので、見わけるには花そのものではなく、花後にできる冠毛をよく見るのがよい。ノコンギクはカントウヨメナよりも毛が長い。

ホタルブクロ

【蛍袋】

学名	*Campanula punctata* var. *punctate*
別名	ホタルバナ、ツリガネソウ、トウロウバナ、チョウチンバナ、フウリンソウ、ソーレンバナ、シビトバナ
科名	キキョウ科
属名	ホタルブクロ属
花期	6～7月
分布	北海道、本州、四国、九州

白っぽい茶色の花も多い。

ヤマホタルブクロ

萼が反り返らない

ホタルブクロの萼は、反り返る付属片がある複雑な形。似た花のヤマホタルブクロは、萼に付属片がなく萼片の間が少し膨らむのが特徴。

鐘形の大きな花が目立つ

捕まえたホタルを袋のような花に入れて遊んだという説や、花の形が火垂（提灯の古語）に似ていることなどが名前の由来。日当たりのよい山野や道端に生える。草丈40～80cm、葉は長さ5～8cm。枝上部の葉腋から、内側に紫色の斑点がある白色または淡紅紫色の花を下向きに咲かせる。花は長さ4～5cmで、花色には変化が大きく、先に浅い切れ込みが5つある。萼片《がくへん》に、反り返る小さな付属片があるのが特徴。茎には粗い毛が生え、茎葉は互生。

ミゾカクシ

【溝隠】

学名	*Lobelia chinensis*
別名	アゼムシロ
科名	キキョウ科
属名	ミゾカクシ属
花期	6～10月
分布	日本全土

半分しかないように見える花

溝を隠してしまうほどはびこるのでミゾカクシ、田のあぜにむしろを敷いたように広がるのでアゼムシロとも呼ばれる。草丈10～15cm。茎は地をはい、節から根を下ろして増える。葉は長さ1～2cmの披針形《ひしんけい》で、まばらに互生する。葉腋《ようえき》から長い柄を出し、長さ1cmほどで淡紅紫色の花をつける。花冠は裂けて5裂片となり、うち2裂片が横を向き、残りの3裂片が下を向く。あぜや休耕田など湿り気のある場所に群生し、水田の雑草として扱われることが多い。

湿り気の多い場所では密生し、地面を覆い隠す。

サワギキョウ

高さが異なる近縁種

草丈1m近くになるサワギキョウは、野山の湿原に生える植物。ミゾカクシの近縁種なので花の形はそっくりだが、草丈が高い。夏の終わりに咲く。

ツリガネニンジン

【釣鐘人参】

学名	*Adenophora triphylla* var. *japonica*
別名	ツリガネソウ、トトキ、トトキニンジン
科名	キキョウ科
属名	ツリガネニンジン属
花期	8～10月
分布	北海道、本州、四国、九州

1
2
3
4
5
6
7
8
9
10
11
12

青紫の鐘が野山につり下がっているよう。

見てみよう

時間差性転換

自家受粉を防ぐために、雄しべが開くときに雌しべは閉じたまま。この後、雌しべは5つに割れて受粉可能状態になる。写真は雄の状態。

宮沢賢治の作品にたびたび登場する

花の形を釣鐘に、太くて白い根をチョウセンニンジンに例えたのが名の由来。野山や高原に普通に見られる。枝分かれしないまっすぐな茎に、3～6枚の葉が輪生する。草丈は40～100cm。茎の上部では多数の枝が輪生し、先端に青紫色の釣鐘形の花が咲く。花は長さ1.5～2cmで、先が5つに浅く分かれる。宮沢賢治の作品には、「釣鐘草」や「ブリューベル」という名で、本種がたびたび登場する。中国地方以西～九州には、花が壷形のサイヨウシャジンが分布する。

オオバギボウシ

【大葉擬宝珠】

学名	*Hosta sieboldiana*
別名	ウルイ
科名	キジカクシ科
属名	ギボウシ属
花期	7～8月
分布	北海道、本州、四国、九州

1 2 3 4 5 6 7 8 9 10 11 12

山野の草地や林内に咲く大形の草

擬宝珠《ぎぼうしゅ》とは、橋の欄干《らんかん》にある柱の上につけられた葱坊主《ねぎぼうず》のような形の飾りのこと。オオバギボウシのつぼみが、この擬宝珠に似ているのが名前の由来だが、実物は擬宝珠よりもはるかに細く、似ているとはいえない。花《か》茎《けい》は高さ0.5～1m。白～淡青紫色で、長さ4～5cmの花を多数咲かせる。葉は長さ約30cmもあり、その名のとおり大きい。新芽から若葉をウルイと呼び、山菜として食べる。ウルイはアイヌ語起源の言葉。最近は栽培され、販売もされている。

葉にはすじが入る。花は花序の下から上へ咲く。

コバギボウシ

花の青紫色のすじ

オオバギボウシによく似た仲間に、コバギボウシとイワギボウシがある。コバギボウシは葉が小さく、花に青紫色のすじが入る。

キチジョウソウ

【吉祥草】

学名	*Reineckea carnea*
別名	キチジョウラン、カンノンソウ、キチジョウボウソウ
科名	キジカクシ科
属名	キチジョウソウ属
花期	8～10月
分布	本州（関東地方以西）、四国、九州

葉はイネ科の植物のようで目立たない。

花被片《かひへん》はめくれ黄色の花粉が目立つ

めったに花が咲かないが、吉事があると花が咲く、という伝説に名前は由来するが、条件によっては毎年のように開花する。茎は地をはい、ひげ根を下ろしながら広がる。葉は長さ10～30cmで細長く、根元から束になって生える。葉の間から高さ8～12cmの、濃い紅紫色の花茎《かけい》を出し、淡紅紫色の花を穂状につける。長さ0.8～1.2cmの6枚の花被片は反り返る。球形の果実は赤く熟し、縁起物として庭に植えられ、園芸品種も多い。林内の湿った半日陰に生える。

ヒメヤブラン

小さな小さな花

ヒメヤブランはヤブラン（右頁）の仲間で、直径4～6mmの小さな花を咲かせる。葉の幅は2～3mm。日当たりのよい草地に生える。

ヤブラン

【藪蘭】

学名	*Liriope muscari*
別名	
科名	キジカクシ科
属名	ヤブラン属
花期	8～10月
分布	本州、四国、九州、沖縄

少し地味だが花も実も美しい

やぶに生え、葉の形がシュンランなどのランに似ているのでこの名がついた。野山の木陰に生え、庭や公園の下草としてもよく植えられる。葉は長さ30～60cmで、束になって生える。葉の間から高さ30～50cmの花茎《かけい》を出し、長さ4mmほどの小さな淡紫色の花がたくさんついた花序をつける。種子も美しく、光沢のある黒色でつやつやとしている。果皮が薄く、未熟なうちに乾いて落ち、種子がむき出しになって生長する。根の肥大部を漢方薬として利用する。

暗い林の中で咲く淡紫色の花はよく目立つ。

触ってみよう

つやのある種子

びっしりと実ったヤブランの実を触ってみよう。種子が露出しているので堅い。最初は緑色、その後黒く熟す。大きさは直径6～7mmほど。

ツルボ

【蔓穂】

学名	*Barnardia japonica*
別名	サンダイガサ、スルボ
科名	キジカクシ科
属名	ツルボ属
花期	8～9月
分布	日本全土

山野の日当たりのよい草地に生える。

球根が救荒食として利用された

皮をむいたなめらかな鱗茎《りんけい》から「つるん坊」と呼んだものが転訛したのが名前の由来といわれる。別名のサンダイガサは、花序の形が公家が参内のときに従者に持たせた「参内傘」を畳んだ形に似ることに由来。鱗茎は長さ2～3cmの卵球形で外皮は黒褐色。かつて凶作のときに救荒食として利用された。長さ15～25cmの葉は、根生する。春秋2回葉が出るが、春に出た葉は夏に枯れる。初秋に、高さ20～40cmの花茎を伸ばし淡紅紫色の小さな花を多数つける。

見てみよう

小さい球根でも

ツルボの球根は小さいが食べられる。そのままでは食べられないので、丁寧にアク抜きをする必要がある。昔、凶作のときに利用された。

ウツボグサ

【靫草】

学名	*Prunella vulgaris* ssp. *asiatica*
別名	カコソウ
科名	シソ科
属名	ウツボグサ属
花期	6～8月
分布	北海道、本州、四国、九州

矢を入れる武具のような花

花序を、矢を入れる携帯武具の空穂《うつぼ》に見立てたのが名前の由来。茎の先端に長さ3～8cmの花序をつくり、そこに次から次へと紅紫色の花が咲く。花序にある苞葉《ほうよう》には白い短毛が多い。かつて乾燥した花序を利尿剤として煎じて飲んだ。草丈は10～30cmと小さい。葉は対生し、短いながらも葉柄《ようへい》がある。茎の断面は四角形。道端、草地に生え、低地で見られる身近な植物かと思うと、標高2,000m近い高原でも見られる。草地であれば、幅広い標高に対応している。

花は大きくはないが、群れて咲くとなかなか美しい。

見てみよう

花の後もよく目立つ

別名のカコソウは、夏になると濃茶褐色になって枯れた花序が残っている様子から夏枯草となった。青々した夏の草地でよく目立つ。

イヌゴマ

【犬胡麻】

学名	*Stachys aspera* var. *hispidula*
別名	チョロギダマシ
科名	シソ科
属名	イヌゴマ属
花期	7～8月
分布	北海道、本州、四国、九州

花弁には濃紅紫色の斑点が多数あり、とても美しい。

湿原に咲く、名に似合わない美しい花

有用な植物に似ていて、実際は利用できない植物にはたいていイヌやカラスの名前がつくが、本種もその一つ。小さな果実がゴマに似ているが、利用できないのが和名の由来。食用になるチョロギに似ているが、利用できないのが別名の由来。淡紅紫色の花は筒型で大きく上下に分かれ、下弁はさらに3つに分かれる。花の長さ1.5cmほど。葉は十字に対生して、表面の葉脈部はくぼみ、裏面にはとげがあり触るとざらつく。草丈40～70cm。湿地に生える。

見てみよう

ゴマのような種子

花が終わった後の状態をよく見よう。萼《がく》の中には黒いゴマのような果実が入っている。これを見るとイヌゴマという名前に納得できるだろう。

メドウセージ

学名	*Salvia guaranitica*
別名	
科名	シソ科
属名	アキギリ属
花期	7～9月
分布	南米原産 日本全土に帰化

最近人里近くでよく見る帰化植物

本種は、日本ではメドウセージで流通しているが、英名はアニスセンテッドセージ。英名メドウセージは、学名サルビア・プラテンシス（*Salvia pratensis*）のことで別種。草丈1～1.5m、地下茎で繁殖し、秋には栄養分を蓄えた塊根《かいこん》ができる。葉は対生し、長さ5～13cmの卵形で毛がある。茎の先に20cmほどの穂状花序を出し、濃青紫色の花が同じ方向に十数個並んでつき、次々に開花する。花冠は長さ3～5cmで、毛に覆われた萼《がく》は黒色。

身の周りで見かけることが多くなった。

見てみよう

クマバチの盗蜜

クマバチの口吻《こうふん》は短く、花の奥の蜜線まで届かない。そこで花の脇に穴を開け、横から蜜を盗む。これを盗蜜《とうみつ》といい、花には何も益はない。

アキノタムラソウ

【秋の田村草】

学名	*Salvia japonica*
別名	
科名	シソ科
属名	アキギリ属
花期	7～11月
分布	本州、四国、九州、沖縄

葉は細かく分かれ、3～7個の小葉からなる

秋の野山に長い花序の小さな花が揺れる

山野の草地に普通に見られる。タムラソウという名前の植物はいくつかあるが名前の由来は不明。近縁種のハルノタムラソウ、ナツノタムラソウ、キク科のタムラソウがある。草丈20～80cmで、茎は四角く角張っている。枝先に長さ10～25cmの花序をつけ、長さ1～1.3cmの筒形で先端が上下に分かれ青紫色の花をいくつかずつ数段輪生する。雄性先熟《ゆうせいせんじゅく》で、はじめは雄しべを上に突き出すが、花粉を出し終わると下向きに曲がり、次に雌しべが開いて受粉に備える。

見てみよう

多い毛と動く雄しべ

花の中の雄しべの形は花の上部に沿って大きくカーブしている。咲いてからしばらくすると、雄しべがだんだん下を向く。

クルマバナ

【車花】

学名	*Clinopodium chinense* ssp. *grandiflorum*
別名	
科名	シソ科
属名	クルマバナ属
花期	8～9月
分布	北海道、本州、四国、九州

山の道端に咲く車状に並ぶ小さな花

花が茎の周りにぐるりと咲き、車輪のように見えることから名づけられた。草丈20～80cm。四角い茎が直立し、下向きの毛がまばらに生える。枝先の花序につく花は、長さ8～10mmの淡紅色で、紫色を帯びた萼《がく》がある。花は小さい筒状で、段状にまとまってつく。花の先端は唇形で上下に分かれ、上唇は小さく、下唇は大形で3裂し、内側に赤い斑点がある。葉は対生し、長さ2～4cmの卵形で両面には毛が多い。山野の草原や道端などに生える。

やぶに隠れるように小さな花を咲かせる。

見てみよう

花が車状に並ぶ

車花の名前のとおり、花は茎の周りに円状に咲く。花は上下2つに分かれ、下唇は3つに分かれる。紅紫の斑点模様があり、萼《がく》もたくさんある。

ハッカ

【薄荷】

学名	*Mentha canadensis* var. *piperascens*
別名	メグサ、ハカ、ニホンハッカ
科名	シソ科
属名	ハッカ属
花期	8～10月
分布	北海道、本州、四国、九州

写真の花色は薄いが、濃い紫色の株もある。

マルバハッカ

ハッカ臭が強い

ヨーロッパ原産の帰化植物。全体に縮れた毛が生える。葉の表面はしわがあり、葉脈部分がくぼむ。葉の裏面には、白い毛が密生する。

メントールの含有量が多く、さわやかな香り

草全体に清々しい香りがある。この香り（メントール）を取り出したのがハッカ油。別名の目草《めぐさ》は、目が疲れたときに葉をもんで目をこすり、目薬のように使ったことに由来する。葉は長さ2～8cmで、裏面に腺点《せんてん》がある。茎の断面は四角形で、上部の葉の基部には小さな花が球状に集まる。花の長さは0.7mmで、色は白～薄紫。草丈は20～50cmで、やや湿った草地や林に生える。古くから鎮痛や健胃の生薬、香料として栽培される。セイヨウハッカはペパーミント。

ミソハギ

【禊萩】

学名	*Lythrum anceps*
別名	ボンバナ、ショウリョウバナ、ミズカケソウ
科名	ミソハギ科
属名	ミソハギ属
花期	7～8月
分布	北海道、本州、四国、九州

1
2
3
4
5
6
7
8
9
10
11
12

水辺に生えるが溝萩ではない

この花序で供物に水をかけて清める風習があるため、ミソギハギ（禊萩）が転じたのが名の由来。盂蘭盆の供花に利用する。野山の湿地や水辺に生える。葉腋《ようえき》に、直径1.5cmほどの紅紫色の花が3～5個集まってつき、次々に咲く。花弁は4～6枚でしわが寄っている。自家受粉を防ぐための仕組みとして、雄しべが長い株と雌しべが長い株がある。草丈50～100cmで、長さ2～6cmの葉が対生する。茎にも葉にも毛がない。よく似たエゾミソハギは、全体に毛がある。

湿地などで群落となる。

エゾミソハギ

毛の有無がポイント

ミソハギとエゾミソハギは似ていて、エゾミソハギは茎や葉などに短い毛が生えているが、ミソハギは無毛。エゾミソハギの葉の基部は茎を抱く。

イヌタデ

【犬蓼】

学名	*Persicaria longiseta*
別名	アカマンマ、アカノマンマ
科名	タデ科
属名	イヌタデ属
花期	6～10月
分布	日本全土

茎は普通赤みを帯び、葉は互生する。

見てみよう

地味な部分を見る

タデ科植物の見わけは、托葉鞘《たくようしょう》と呼ばれる、葉の根元にある茎を包む部分を見る必要がある。イヌタデは托葉鞘のふちに生える毛が長い。

ままごと遊びには欠かせない紅色の花

イヌやカラスが名前につく植物は、人の役に立たないことが多い。ヤナギタデの葉には辛みがあって薬味に使えるが、本種は辛みがなく役に立たないためイヌタデとついた。小さな赤い花をままごと遊びで赤飯に見立てたためアカマンマとも呼ぶ。2～4cmの花序に2mmほどの花がたくさんつく。茎は下部が地面をはい、茎の節から根が出て根づく。茎の上部は直立し、20～50cmに伸びる。細長い葉は先がとがり、ふちや裏側に毛がある。田畑や野原、道端に普通に生える。

オオイヌタデ

【大犬蓼】

学名	*Persicaria lapathifolia* var. *lapathifolia*
別名	
科名	タデ科
属名	イヌタデ属
花期	6～11月
分布	日本全土

草丈は大きいけれど花は小さい

イヌタデ（左頁）に似ていて大形のタデということで名前がついた。草丈が2mを超えることもある。赤みを帯びた茎は直立して盛んに枝分かれし、節は膨れる。葉は互生し、長さ15～20cmで、脈上に粗い毛がある。花序は3～10cmで小さな花を多数つけ、先が垂れ下がる。花は淡紅色のほかに白色のものもあり、変化が大きい。葉の側脈は20～30対ある。托葉鞘《たくようしょう》は筒形でふちに毛がない。田畑や道端、河原などでは普通に見られ、時に群落となる。

淡紅色の花弁に見えるのは萼で、花弁はない。

見てみよう

特徴は托葉鞘

タデの仲間は葉の基部にある托葉《たくよう》に、茎を包む托《たく》葉鞘《ようしょう》がある。この形や毛の長さが見わけのポイント。オオイヌタデは托葉鞘のふちに毛が生えない。

ミゾソバ

【溝蕎麦】

学名	*Persicaria thunbergii*
別名	ウシノヒタイ、タソバ
科名	タデ科
属名	イヌタデ属
花期	7～10月
分布	北海道、本州、四国、九州

1
2
3
4
5
6
7
8
9
10
11
12

花弁に見える萼《がく》の上部は紅紫で下部は白い。

特徴のある葉 ピンクの小さな花

田のあぜや林縁《りんえん》、河原などやや湿り気のある場所に群生する。ソバの花に似ていて、溝に生えることからこの名がある。また、葉の形がウシの顔の形に似ているのでウシノヒタイという別名がついた。葉は互生し、表面に八の字形の斑紋が入ることがある。茎は下部が地面をはい、上部が立ち上がって草丈30～100cmになる。茎にはとげ状の毛が下向きに生える。枝先に10～20個の小さな花が金《こん》平糖《ぺいとう》のように集まって咲き、色は白から紅色まで変異が大きい。

触ってみよう

牛らしいかも

別名「ウシノヒタイ」の元になったミゾソバの葉は、毛が生えていて触ると柔らかい感じがする。茎と葉裏の葉脈上にはとげがある。

オオケタデ

【大毛蓼】

学名	*Persicaria orientalis*
別名	オオベニタデ、ベニバナオオケタデ、ハブテコブラ
科名	タデ科
属名	イヌタデ属
花期	8～11月
分布	東～南アジア原産 日本全土に帰化

見上げるほどの大きさに生長する

花が美しいので江戸時代に観賞用として渡来したという一年草。栽培されていたものが野生化した帰化植物。花は淡紅～紅色で、花序の先は垂れ下がる。草丈は約2mにもなる。在来種のオオイヌタデ(p291)よりも大きく、草全体に白い毛が密生しているのが名前の由来。葉は卵形で、長さ10～25cm。オオイヌタデの葉よりも幅があり、葉の両面にはビロード状の毛が生える。河原や草地、人家の周りなどの適度に湿り気があり、肥沃な場所に生える。

茎は太く、直立して、よく枝分かれする。

触ってみよう

細かい毛が密生

オオケタデは、その名前のとおり毛が多い。茎は少し離れたところから見ても、周りが白く見えるほど。触ると毛深さがわかる。

ハナタデ

【花蓼】

学名	*Persicaria posumbu*
別名	ヤブタデ
科名	タデ科
属名	イヌタデ属
花期	8～10月
分布	東～南アジア原産 日本全土に帰化

葉の中央部に黒斑があるものが多い。

開いた花がウメのようなのでハナタデ

イヌタデの仲間のなかでは最も小さく、花もまばらにつくので、繊細な印象を受ける。山野の林内や林縁、草やぶなどの湿った場所に生えるため、ヤブタデという別名がつけられた。花序の長さは3～10cm。花自体も小さくて長さは2～3mmしかない。きれいに開く花は少なく、ほとんどがつぼみのようにふっくらと膨らんだ形をしている。タデのなかでは花の色が白っぽい。草丈は30～60cm。茎の下部は地面をはい、上部は立ち上がり、よく枝分かれする。

サクラタデ

花が大きくきれい

サクラタデは花の直径が8mm程度もあり、イヌタデの仲間では最も大きく美しい。花色は淡桃色。花色が白いのはシロバナサクラタデ。

ボントクタデ

学名	*Persicaria pubescens*
別名	
科名	タデ科
属名	イヌタデ属
花期	9～10月
分布	本州、四国、九州

葉に辛みがないのが名前の由来

植物学者の牧野富太郎は、ボントクタデのボントクはポンツク（愚鈍者）の意味で、薬味として食べるヤナギタデによく似ているが葉に辛みがなく、間が抜けているのが名前の由来と解説している。ヤナギタデと同じ水辺に生えていることがあり、見わけるのが厄介だ。識別に迷ったら、葉をかんで味を確認するのが手っ取り早い。花がまばらにつく花序は長く垂れ下がる。花は外側は紅色で内側は白い。草丈は70～100cm。葉に八の字形の黒斑があることが多い。

写真の花は白っぽいが、赤みが強い花も多い。

食べてみよう

葉をかんで確かめよう

ボントクタデを食べても辛くない。ヤナギタデはぴりりと辛い。よく見るとボントクタデの葉には細かくて伏せた毛が生えている。

アメリカイヌホオズキ

【亜米利加犬酸漿】

学名	*Solanum ptychanthum*
別名	
科名	ナス科
属名	ナス属
花期	7～9月
分布	北アメリカ原産 日本全土に帰化

葉は先がとがった卵形で不ぞろいの鋸歯がある。

見てみよう

光沢がある黒い実

本種の果実は直径5mmで花も小さい。在来のイヌホウズキの果実と花の直径は8mm。また、本種の果実のつけ根は1か所に集中する。

星形の小さな花とつやのある黒い実

北アメリカ原産の帰化植物。畑や道端などで普通に見られる。草丈は80cmほどで、枝分かれして横に伸び広がる。葉は先がとがった卵形で、不揃いの鋸歯《きょし》がある。花は直径4～6mmで、淡紫色のものが多いが、白花も見られる。花冠《かかん》は5つに裂けた星のような形をしている。果実は球形で、黒くつやがある。よく似たイヌホオズキは、アメリカイヌホオズキより葉の幅が広く、厚みがある。またイヌホオズキの花は白く、花冠が反り返っていて、果実にはつやがない。

アカバナ

【赤花】

学名	*Epilobium pyrricholophum*
別名	
科名	アカバナ科
属名	アカバナ属
花期	7～9月
分布	北海道、本州、四国、九州

赤い花ではなく、紅葉が名前の由来

夏から秋にかけて葉や茎が赤くなるのが名前の由来。直立に伸びる茎はよく枝分かれし、紅紫色の小さな花をあちこちにつける。草丈は30～70cm。花は直径約1cm、4枚の花弁の先が、浅く切れ込んでいる。雌しべの先は、綿棒の先のように膨らんでいる。花の下の花柄のように見える長い部分が子房《しぼう》で、腺毛《せんもう》がたくさん生えている。葉は対生するが、茎の上の方では互生する。実は細長く、熟すと4つに裂けて中から種子を出す。山野の湿地など、水分の多い場所に生える。

花の下の細長い子房が長さ3～8cmの果実になる。

イワアカバナ

雌しべの形

アカバナの仲間は、雌しべの形に特徴がある。アカバナの雌しべはマッチ棒の先のように膨らむ。イワアカバナは先端が球状に膨らむ。

ヌスビトハギ

【盗人萩】

学名	*Hylodesmum podocarpum* ssp. *oxyphyllum* var. *japonicum*
別名	
科名	マメ科
属名	ヌスビトハギ属
花期	7～9月
分布	日本全土

長さ3～4mmほどの小さな花だがよく見ると美しい。

半月が2つ連なってサングラスのよう

果実の形を、盗人が忍び足で歩く足跡に見立てた名前という説と、果実が盗人にひっつくからという説がある。果実は2つの節に分かれたサングラスのような形で簡単に2つになる。果実の表面にかぎ状の毛が密に生え、これで動物や衣服などにくっついて運ばれる。葉は3枚の小葉に分かれる。小さな淡紫色の花は蝶形花で、まばらな穂になってつく。山野の草地、道端などで見られ、草丈は60～100cm。マルバヌスビトハギは、本種と比べ先端の小葉に丸みがある。

触ってみよう

ひっつき虫の一つ

晩秋にやぶを歩くと、なにかしら植物の種がついてくる。俗に「ひっつき虫」という。眼鏡形の果実がついていたらヌスビトハギ。しっかりと服につく。

アレチヌスビトハギ

【荒れ地盗人萩】

学名	*Hylodesmum paniculatum*
別名	
科名	マメ科
属名	ヌスビトハギ属
花期	9～10月
分布	北アメリカ東南部原産。特に本州（東北地方南部以西）、四国、九州、沖縄に多い

北米原産の帰化植物。荒れ地や道端に生え、草丈1.5～1m。豆果は全体にかぎ状の毛が生え、服や毛皮にひっつく。3～6節にくびれ、ばらばらに折れる。花は長さ6～8mm。葉の両面に毛があるが下面は多毛。

いろいろな帰化植物

ヤナギハナガサ
草丈1.5m。葉の基部は茎を抱く。

アレチハナガサ
草丈2m。葉の基部は茎を抱かない。

ノハカタカラクサ
トキワツユクサとも呼ばれる。

ハルシャギク
花の中央部に紫褐色の模様がある。

オオハンゴンソウ
頭花の直径6cm、草丈2m以上。

ハルザキヤマガラシ
花の直径6～8mmと小さめ。

ツルマメ

【蔓豆】

学名	*Glycine max* ssp. *soja*
別名	ノマメ
科名	マメ科
属名	ダイズ属
花期	8～9月
分布	日本全土

1
2
3
4
5
6
7
8
9
10
11
12

小葉は両面に毛があり、長さ 2.5～8cm で細長い。

大豆の原種といわれる小さなつる性のマメ

野原や道端などに生えるつる植物。食用や加工用などに栽培される大豆の原種といわれ、学名につく *soja* はしょうゆの意味。花は長さ 5～8mm、淡紅紫色で、最も上の大きな花弁（旗弁《きべん》）は色が濃い。果実は長さ2～3cmほどの豆果で、毛に覆われ、2～3個の種子が入っている。葉は3枚の小葉からなる複葉で互生する。茎には下向きの毛が生えて、ほかのものに巻きついて伸びる。同じつる性のヤブマメ（右頁）と比べると、小葉の幅が狭く、花も小さい。

触ってみよう

大豆に似ている

秋になってツルマメのさやを見つけたら、半分に割ってみよう。小さくてかわいらしい豆が出てくる。でも、小豆より小さく食べるのは大変だ。

ヤブマメ

【藪豆】

学名	*Amphicarpaea bracteata* ssp. *edgeworthii* var. *japonica*
別名	ギンマメ、シバハギ
科名	マメ科
属名	ヤブマメ属
花期	9～10月
分布	日本全土

地中に閉じたままの閉鎖花をつける

林のふちなどに生えることが多いつる植物。通常の花のほかに、地下に花弁を開かない閉鎖花をつける。地上の花は長さ1.5～2cmの蝶形花で、葉腋《ようえき》に数個つく。上の大きな花弁（旗弁）は紫色、それ以外の花弁は白っぽく、そのコントラストが美しい。果実は豆果で長さ2.5～3cm、中に3～5個の種子が入る。地中の閉鎖花からできる豆果は丸く、中の種子は1個。葉は3枚に分かれ、小葉は丸みがあり、葉の両面に毛がある。茎にも下向きの毛が生える。

葉には長い柄があり、互生する。

触ってみよう

豆をむいてみる

秋になると、小さな豆が実る。このさやをむいてみると、中からウズラ豆のように模様がついた小さな豆が出てくる。地下の豆はより大きい。

コマツナギ

【駒繋ぎ】

学名	*Indigofera pseudotinctoria*
別名	コマトドメ、ウマツナギ
科名	マメ科
属名	コマツナギ属
花期	7～9月
分布	本州、四国、九州

花序の長さは3cmほど、花の長さは4～5mm。

馬をつなげるほど丈夫な小低木

高さ40～80cmの草本状の小低木。地中に太い根があり、茎が堅くてしなやかで、駒（馬）をつないでおけるほど丈夫なので、あるいは馬が好んで食べるのが名前の由来といわれる。日当たりのよい草地や道端などに生える。茎や葉に、まばらに伏毛が生えている。葉は奇数羽状複葉。葉腋に小さな淡紅紫色の花が集まった花序が上に向かってつき、下から順に咲いていく。果実は長さ2.5～3cmの円筒形で堅く、熟すと裂けて3～8個の種子が出てくる。

触ってみよう

しなやかで強い

名前のとおりに、馬をつなげられるほど強いのか、花が終わったつるで試してみたら強かった。最近、帰化のキダチコマツナギが増えている。

クズ

【葛】

学名	*Pueraria lobata*
別名	クズカズラ、マクズ、ウラミグサ
科名	マメ科
属名	クズ属
花期	7～9月
分布	日本全土

大きな葉で林を覆うつる植物

山野で普通に見られるつる植物で、林のふちや土手、河原などで、ほかの植物を覆うように生い茂る様子を目にすることも多い。秋の七草の一つで、根から採ったでんぷんは、くず粉として利用される。長さ1.8～2cmの蝶形花が、穂状に集まって咲く。花の色は紅紫色で、甘い香りがする。葉は3小葉からなり、1枚の小葉は長さ10～15cmと大きく、裏に白い毛が密に生える。茎には褐色の毛が生えている。果実は長さ5～10cmの豆果で、褐色の毛に覆われている。

甘く強い香りは遠くからでもよくわかる。

触ってみよう

暑さを避けて動く葉

クズの葉は、暑いと日光を避けるために3枚の葉を折りたたみ、葉裏の白い部分を見せる。葉でパンと音をさせる遊びもある。

ナンバンギセル

【南蛮煙管】

学名	*Aeginetia indica*
別名	オモイグサ
科名	ハマウツボ科
属名	ナンバンギセル属
花期	7～9月
分布	日本全土

花後に丸い果実ができ、小さな種子を散らす。

ススキなどの根に寄生して育つ

長い柄の先に、うつむくように咲く花の独特な姿を煙管《きせる》に見立てたのが名前の由来。古くはオモイグサ（思草）の名前でも呼ばれた。ススキ、ミョウガなどの根元に寄り添うように生える寄生植物で、植物の根から栄養分を吸収している。葉緑素がなく、全体的に赤紫色をしている。茎は短く葉も鱗片《りんぺん》状に退化していて、高さ15～20cmほどの花茎《かけい》が茎のように見える。花は淡紫色の筒形で、舟のような形の萼《がく》がある。山地には少し大きいオオナンバンギセルが生える。

ヤセウツボ

春に咲く寄生植物

ヤセウツボは近年増えている寄生植物でヨーロッパから北アフリカ原産の帰化植物。公園や草地に生え、葉はなく、草丈20～40cm。

オシロイバナ

【白粉花】

学名	*Mirabilis jalapa*
別名	ユウゲショウ
科名	オシロイバナ科
属名	オシロイバナ属
花期	7～10月
分布	熱帯アメリカ原産 日本全土に帰化

種子の中の粉がおしろいのよう

熱帯アメリカ原産の植物で園芸植物として一般的だが、各地で野生化している。草丈は1mほどで、盛んに枝分かれして生い茂り、たくさんの花をつける。紅紫、白、黄色など花色は変化が大きい。花弁に見えるのは萼《がく》。花の根元にある萼状のものは葉が変化した総苞《そうほう》。花の直径は約3cm、細長い筒のような部分の先が、ラッパ状に広がっている。花が夕方咲いて朝閉じるので、英名ではfour-o'clock (4時) と呼ばれる。数少ない夜間に開いている花の一つである。

花弁に見える部分は萼で、花弁はない。

触ってみよう

白粉が出てくる

オシロイバナはたくさんの種子をつける。これを半分に割ると中から白い粉が出てくる。これを化粧に使う「おしろい」に見立てたのが名前の由来。

カワラナデシコ

【河原撫子】

学名	*Dianthus superbus* var. *longicalycinus*
別名	ナデシコ
科名	ナデシコ科
属名	ナデシコ属
花期	7～10月
分布	本州、四国、九州

花色を見ると、ピンク色の語源に納得する。

秋の七草の一つ 日本女性を象徴する花

ナデシコの名は万葉集にも出てくる。花は直径4～5cmで、淡紅紫色の花弁が5枚あり、ふちが細かく糸のように裂ける。色名として一般に使われるピンク（Pink）は本来、ナデシコの英名である。萼筒《がくとう》の下部にある苞《ほう》は3～4対。草丈は30～80cmで、葉は対生し、長さ3～9cmで細長く、つけ根の部分は茎を抱く。茎や葉はやや白っぽい。子を撫でるようにかわいがりたい花というのが名前の由来になったといわれる。山野の草地や河原などの開けた場所で見られる。

見てみよう

花の下の苞に注目

花の下にある鱗《うろこ》状の葉の苞《ほう》が3～4対で幅広なのがカワラナデシコ。近縁種で高原に咲くエゾカワラナデシコは2対で細長く先端が伸びる。

ナツズイセン

【夏水仙】

学名	*Lycoris x squamigera*
別名	ケイセイバナ
科名	ヒガンバナ科
属名	ヒガンバナ属
花期	8～9月
分布	中国原産 日本全土に帰化

花の時期には葉は見られない

古い時代に中国から渡来した植物。葉がスイセン（p123）に似ていて、夏に開花するのが名の由来。日本に生育するものは3倍体で結実せず、地下の鱗茎《りんけい》で増える。葉は早春に伸び、長さ20～30cmで細長い。初夏になると葉は枯れて、花茎《かけい》が高さ50～70cmにまで伸びてくる。葉と花は同時には見られない。これは近縁種のヒガンバナ（p213）やキツネノカミソリ（p207）などと同じ。花は淡紅紫色で、直径約8cmと大きい。人里近くの草地や土手などに生える。

花は横向きに咲く。

サフランモドキ

野生化した球根植物

ヒガンバナ科のサフランモドキは、関東以南の暖地を中心に増えている帰化植物。花茎の高さ30cm、花の直径6cm。小さな鱗茎がある。

ホトトギス

【杜鵑草】

学名	*Tricyrtis hirta*
別名	
科名	ユリ科
属名	ホトトギス属
花期	8～9月
分布	本州（関東地方以西）、四国、九州

1
2
3
4
5
6
7
8
9
10
11
12

葉は長さ8～18cm。基部は葉を抱く。

鳥のホトトギスに似た斑点模様

花全体にある紅紫色の斑点を、鳥のホトトギスの胸の模様になぞらえて、名前がつけられた。草丈は40～100cmで、がけでは垂れ下がる。葉腋《ようえき》から出る花には花被片《かひへん》が6枚ある。雌しべは、先端が3つに分かれ、その先がさらに2つに分かれている。雄しべは雌しべを囲むようにつき、先は反り返る。雄しべと雌しべにも斑点があり、花の中央からもう1つ花が出ているように見える。よく似た近縁種にヤマホトトギスとヤマジノホトトギス（p97）がある。

タマガワホトトギス

黄色のホトトギス

日本にホトトギスは何種類もあり、タマガワホトトギスはその一つ。直径4cm程度の花は黄色で紅褐色の斑点がある。山野の林や草地に生える。

ヤマトリカブト

【山鳥兜】

学名	*Aconitum japonicum* ssp. *japonicum*
別名	
科名	キンポウゲ科
属名	トリカブト属
花期	8～10月
分布	本州（関東・中部）

花の形が特徴的な有毒植物

トリカブトの仲間は各地に分布し、種類が多い。葉の形や花茎《かけい》の毛で見わける。花の形が、舞楽で用いられる鳥兜に似ていることから名づけられた。痙攣や呼吸困難を起こすアルカロイド類を含む毒草。草丈は80～100cm。葉は互生し、裂片は3～5つで葉の半分程度裂け、ふちに鋸歯がある。花は青紫色で、長さ3～4cmほど。5枚ある花弁に見えるものは萼片《がくへん》で、上の1枚が独特の兜形。本当の花弁は花の内側上部にある管状の蜜腺《みつせん》。山地や林縁などに生える。

秋に咲く花は青くて美しい。

注意しよう

食べてはいけない

トリカブトの仲間はすべて有毒。若葉をニリンソウと間違えて食べることがないように十分注意しよう。つぼみがない状態では見わけにくい。

キツネノマゴ

【狐の孫】

学名	*Justicia procumbens* var. *procumbens*
別名	カグラソウ、カヤナ、メグスリバナ
科名	キツネノマゴ科
属名	キツネノマゴ属
花期	8～10月
分布	本州、四国、九州

1
2
3
4
5
6
7
8
9
10
11
12

茎は四角く角張っている。

暑い夏にも元気に咲き続ける

枝先の花序がキツネの尾に似て、とても小さいのが名前の由来という説がある。長さ8mmほどの小さな淡紅紫色の花が茎の先端に穂状につく。花は唇形で、下唇の基部に白い模様がある。葉は長さ2～5cmほどで、対生する。茎や葉には、短い毛が生えている。果実は熟すと2つに裂け、小さな種子がはじけ飛ぶ。草丈は10～40cmで、茎の下の部分は地面を横にはうように伸びるが、途中から立ち上がる。道端や草地などで普通に見られる。

見てみよう

小さな花にも意味が

本種の花は小さいが、複雑な姿をしている。花には昆虫がよく蜜を吸いにやってくる。花の下唇の模様は昆虫に蜜のありかを示している。

ツリフネソウ

【釣舟草】

学名	*Impatiens textorii*
別名	ムラサキツリフネ
科名	ツリフネソウ科
属名	ツリフネソウ属
花期	8～10月
分布	北海道、本州、四国、九州

触ると、種子がはじけ飛ぶ

花が花柄にぶら下がって咲く様子を、帆掛け舟に例えた、あるいは花器の「釣舟」に例えたなど、名前の由来には諸説がある。花は紅紫色で、花弁が3枚、萼片《がくへん》が3枚あり、全体で花となる。後ろの袋状の部分（萼《がく》）の先端はくるりと巻いていて、この内側に蜜がある。山野のやや湿ったところに生え、草丈は50～80cm。茎は赤みがかり、長さ5～13cmの葉が互生する。紀伊半島、四国、九州には、花が葉の陰に咲くハガクレツリフネがある。

葉のふちにはぎざぎざした鋸歯がある。

触ってみよう

はじけて飛び出す種子

ツリフネソウの果実をそっと触ってみよう。熟したものなら、触ったとたんにさやが割れて丸まり、種子がはじけて勢いよく飛び出す。

ヤマハッカ

【山薄荷】

学名	*Isodon inflexus*
別名	
科名	シソ科
属名	ヤマハッカ属
花期	9～10月
分布	北海道、本州、四国、九州

花は茎の片側に片寄って咲く。

ヤマハッカ類はハッカの香りがない

長さ7～9mmほどの青紫色の花が、花序にいくつもの段になってつく。筒状の花の先端は2つに分かれ、小斑点がある上唇は上を向き、切れ込みがあるため4つに分かれる。下唇はふちが内側に巻いて、舟のような形をしている。草丈は40～100cm、茎には下向きの毛がある。茎の断面が四角形をしているのが、シソ科植物の特徴。葉の表面にも毛が生えている。葉は長さ3～6cmで、対生し、ふちに粗い鋸歯がある。山野の林縁や道端に生える。

イヌヤマハッカ

上唇に模様がない

ヤマハッカは筒状の花が上下2つに分かれ、上唇に模様があるのが特徴。仲間のイヌヤマハッカやカメバヒキオコシには下唇に模様がある。

ナギナタコウジュ

【薙刀香薷】

学名	*Elsholtzia ciliata*
別名	イヌエ、イヌアラギ
科名	シソ科
属名	ナギナタコウジュ属
花期	9～10月
分布	北海道、本州、四国、九州

ナギナタのように曲がった花序

小さな花が花序の片側にきれいに並んでつき、反り返る様子を、昔の武器である薙刀《なぎなた》に見立てて名づけられた。「香薷《こうじゅ》」は漢名に由来する。草を乾燥させて利尿薬などの漢方薬として利用する。シソ科の植物には特有の香りがあるが、本種には特に強い香りがある。冬に枯れた枝を触っても強く香るほど。この香りは人によって好き嫌いが分かれる。花は長さ 5 mm ほどと小さく紅紫色で、長さ 5～10cm の花序になる。山野の道端などに生え、草丈は 30～60cm。

葉は長さ 3～9 cm ほどで、対生し鋸歯がある。

フトボナギナタコウジュ

斜めに生える地味な花

ナギナタコウジュとは別種で少ない。花の後方にある苞《ほう》を見ると、ふちには長い毛が生え、裏面全体にも短い毛が生える。直立せず斜め上に伸びる。

ハグロソウ

【葉黒草】

学名	*Peristrophe japonica* var. *subrotunda*
別名	
科名	キツネノマゴ科
属名	ハグロソウ属
花期	9～10月
分布	本州（関東地方以西）、四国、九州

暗い林の中で小さな花が目につく。

上下2枚に分かれた花弁に模様がある

葉が黒っぽいことから「葉黒草」と名づけられたとの説もあるが、名前の由来は不明。草丈20～50cmで、茎はまばらに枝分かれする。葉は長さ2～10cmほど、暗い緑色で、対生する。花茎《かけい》は葉腋《ようえき》から出て、花は2枚の苞《ほう》の間から顔を出し、上下2枚に分かれた唇形をしていて、下唇のほうが大きい。上唇は先端が上方に反り返っている。花の色は紅紫色で、花冠《かかん》の内側に赤褐色の斑点模様がある。山地の薄暗い林内や半日陰となるような林縁に生える。

見てみよう

薄い2枚の苞

ハグロソウの苞は大きな葉状で2枚が対になる。花は2枚の苞の間から出て、基部は筒状、先端は上唇と下唇に分かれる。

シュウメイギク

【秋明菊】

学名	*Anemone hupehensis* var. *japonica*
別名	キブネギク
科名	キンポウゲ科
属名	イチリンソウ属
花期	9～10月
分布	中国（西南部）原産。北海道、本州、四国、九州に帰化

キクではなく、キンポウゲ科の植物

名前に「キク」とつくが、キク科ではなくイチリンソウの仲間。古い時代に中国から渡来した。人里近くの林のふちなどで見られ、庭にも植えられる。直径約5cmの大きな紅紫色～白色の花が咲くが、花弁に見えるものは萼片《がくへん》で、花弁はない。通常、萼片は30枚ほどで、外側の萼片は緑白色を帯びる。花は変化が大きく、一重で萼片の数が5枚程度のものもよく見られる。草丈は50～80cm、根元の葉は3枚の小葉からなる複葉で柄があり、茎の途中には柄のない葉が輪生する。

中国の野生のシュウメイギクに近い個体。

見てみよう

名前に惑わされない

シュウメイギクはキクという名前がついているが、キクの仲間ではない。この写真は栽培されたキクの花だが、似ていないことがわかる。

ノダケ

【野竹】

学名	*Angelica decursiva*
別名	ノゼリ
科名	セリ科
属名	シシウド属
花期	9～11月
分布	本州（関東地方以西）、四国、九州

枝分かれしない姿から「野の竹」になった。

暗い紫色の花を咲かせる大きな草

小さな暗紫色の花が、茎の先にたくさん集まってつく姿が特徴的。まれに緑白色の花もある。茎も暗紫色を帯びている。開花した姿は地味で、一見枯れて花が咲いていないようにも見える。草丈は0.8～1.5mほどで、茎や葉は無毛。深く切れ込んだ小葉3枚からなる三出複葉。ふちには粗い鋸歯がある。葉柄の基部は袋状に膨らんださやになり、葉が伸びた後もよく目立つ。根は、咳止め、痛み止めの薬として用いられる。山野の林内や草原などに生える。

見てみよう

地味な花にも虫は来る

ノダケの花は暗紫色で、咲いているのか咲いていないのかわからないほど地味。しかし、チョウなどの昆虫はちゃんと見つけて蜜を吸いにくる。

イヌノフグリ

【犬の陰嚢】

学名	*Veronica polita* var. *lilacina*
別名	イヌフグリ、ヒョウタングサ
科名	オオバコ科
属名	クワガタソウ属
花期	3～4月
分布	本州、四国、九州、沖縄

1
2
3
4
5
6
7
8
9
10
11
12

日本在来の植物 今はとても少ない

早春に、小さく目立たない花を咲かせる。紅紫色の花の直径は1～2mmで、大きく開くことはない。石垣、道端など、ほかの植物が生えにくいような、日当たりのよい乾いた環境を好む。石灰岩地には本種が好むような環境が多いので、よく見られる。茎は地をはうように伸びていく。フグリとは陰嚢のこと。果実が犬の陰嚢に似ているので名づけられた。日本全国どこでも見られるのは、青い花の帰化植物オオイヌノフグリ(p318)で、日本在来の本種はとても少ない。

葉は小さく、鋸歯の数が8個以下と少ないのが特徴。

見てみよう

果実も可憐

長さ3mm、幅4～5mmの小さなイヌノフグリの果実。全体に短い毛が生え、ぷっくりと膨れている。中に入っている種子は舟形をしている。

オオイヌノフグリ

【大犬の陰嚢】

学名	*Veronica persica*
別名	オオイヌフグリ
科名	オオバコ科
属名	クワガタソウ属
花期	3～5月
分布	西アジア原産 日本全土に帰化

もはや日本の春を彩る花の一つになった。

春早く、足元に咲く青紫色の花

同属のイヌノフグリ(p317) より全体的に大形なので、この名前がつけられた。草丈は低く、茎は根元でよく枝分かれして地面をはうように伸びる。絨毯を敷いたように広がり、青紫色の花が散りばめられたようにたくさん咲く。花の直径は8～10mmで、長い花柄があり、昆虫が蜜を求めてとまると花が大きく傾き、バランスを崩した昆虫にうまく花粉がつく。一見4枚の花弁に見えるが、根元ではくっついていて濃い青色のすじ模様がある。道端や畑などで見られる。

見てみよう

やや扁平な球形

果実はイヌノフグリの果実に比べ、やや扁平な球形で、2つが対になっている。全体に細かな毛が生え、大きな萼《がく》に包まれる。

タチイヌノフグリ

【立犬の陰嚢】

学名	*Veronica arvensis*
別名	
科名	オオバコ科
属名	クワガタソウ属
花期	4～6月
分布	ヨーロッパ原産 日本全土に帰化

茎が立ち上がるイヌノフグリの仲間

ヨーロッパ原産の帰化植物で、畑や道端などで普通に見られる。茎の根元部分は地面をはって伸びるが、茎の上部は直立するので、立ち上がって伸びるイヌノフグリという意味の名前になった。茎の上のほうに、直径3～4mmほどの小さな花がつく。花には花柄がなく、葉に埋もれるようにつくので目立たないが、よく見ると美しい青色で、淡紅紫色の花が見られることもある。草丈10～30cmほどと小さい。葉も長さ0.6～2cmと小さく、ふちには大きめの鋸歯がある。

茎が直立し、花は葉腋《ようえき》に埋もれるように咲く。

見てみよう

薄く、扁平な果実

タチイヌノフグリの果実は扁平なハート形で、粘液が先端についている腺《せん》毛《もう》がたくさん生えていて、たくさん種子が入っている。

キュウリグサ

【胡瓜草】

学名	*Trigonotis peduncularis*
別名	タビラコ
科名	ムラサキ科
属名	キュウリグサ属
花期	3～5月
分布	日本全土

空き地などで小さな花穂を伸ばす。

かいでみよう

青臭いにおい

キュウリグサの名前の由来にもなったのがそのにおい。茎や葉を揉んでにおいをかぐと、きゅうりのような青臭いにおいがする。

小さいけれどもライトブルーの美しい花

葉をもむと、キュウリに似たにおいがすることから、この名前がつけられた。花は茎の上のほうに集まってつき、花序の先端はくるりと巻いているが、花が咲くにつれて、だんだんまっすぐになっていく。花は直径約2mmで小さく、淡青紫色で、中心近くが黄色い。花冠は先が5つに分かれて5枚の花弁のように見える。草丈は15～30cmほどで、葉の長さは1～3cm。茎の下部につく葉には長い柄があるが、上部につく葉には柄がない。道端や畑などに生える。

ハナイバナ

【葉内花】

学名	*Bothriospermum zeylanicum*
別名	
科名	ムラサキ科
属名	ハナイバナ属
花期	3～11月
分布	日本全土

葉腋に花がつく

花柄が葉柄の腋から出ることから「葉内花」と名づけられた。直径2～3mmほどの、先が5つに分かれた淡青紫色の花が咲く。キュウリグサに似るが、キュウリグサの若い花序がぜんまい状に巻くのに対して、本種は巻かない。また、本種の花序には葉状の苞が発達するが、キュウリグサの花序には苞がない。草丈は10～15cmほどでキュウリグサよりも小さい。茎には上向きの毛が生えている。葉は長さ2～3cm。道端や畑などで普通に生える。

小さな花が茎の途中にも咲くハナイバナ。

見てみよう

小さくても美しい

ハナイバナの花の直径は2～3mm。これほど小さいのに、花を大きく見ると、花の中心は白く、ワスレナグサの花のような形をしている。

ヤマルリソウ

【山瑠璃草】

学名	*Omphalodes japonica*
別名	
科名	ムラサキ科
属名	ルリソウ属
花期	4～5月
分布	日本全土

茎を斜めに立たせて花序をつけ可憐な花を咲かせる。

美しい瑠《る》璃《り》色《いろ》の花は登山者の足を止める

同属のルリソウに似ており、ルリソウが林内などに生えるのに対し山に生えるのが名前の由来。根元につくたくさんの葉は、ロゼット状に地面に広がる。茎につく葉は小さい。茎は長さ10～20cm。咲き始めは薄紅色で後に淡い青紫色に変化することもある。花の中心部は白い。直径1cmと小さい花だが次々と咲き人目を引く。花が咲き終わった後には、花柄は垂れ下がる。草全体に白い毛が多い。山地の林の下や道端、丘陵など、やや湿り気の多い場所に生える。

触ってみよう

花の美しさに隠れた毛

ヤマルリソウの茎にはたくさんの毛が生えている。触るとざらざらするが、触らなくても見るだけで十分わかるほど開出毛が多い。

フデリンドウ

【筆竜胆】

学名	*Gentiana zollingeri*
別名	
科名	リンドウ科
属名	リンドウ属
花期	3～5月
分布	北海道、本州、四国、九州

先端に青色の花を数個つける

つぼみの様子が、墨汁をふくんだ筆の穂先のように見えることから名づけられた。草丈はわずか5～10cmと小さなリンドウだ。秋に芽を出して、冬の間に生長し、春に長さ約2cmほどの花を咲かせる。同じ春咲きのハルリンドウやコケリンドウは根元に根生葉《こんせいよう》があるが、本種にはなく、ここをチェックすれば見わけるのは難しくない。茎につく葉は卵形でやや厚みがあり、表面がしばしば紫色を帯びる。日当たりのよい山地の雑木林や草地などに生える。

茎は高さ5～10cm。葉は対生し、鋸歯はない。

ハルリンドウ

春のリンドウ

ハルリンドウはフデリンドウの花とよく似ている。ハルリンドウは湿原を好み茎の根元近くに根生葉があるが、フデリンドウには根生葉がない。

ツユクサ

【露草】

学名	*Commelina communis*
別名	ボウシバナ
科名	ツユクサ科
属名	ツユクサ属
花期	6～9月
分布	日本全土

不思議な形の美しい花を身近に咲かせる。

見てみよう

複雑な雄しべ

雄しべは3種類ある。写真上側の3個のX字形雄しべと下側のY字形雄しべは、花粉を出さない仮雄しべ。いちばん下の2個が本物の雄しべ。

朝露のごとく1日でしぼむ花

夏の早朝、深い青色の花が朝露をまとう姿は美しい。花は舟のような形の苞葉の間から出る。3枚ある花弁のうち、青色の2枚が目立つ。下にある1枚は白色で小さく目立たない。花は半日ほどでしぼむこともある。花弁の色素は移りやすく、指でもむと青色がつき、色水遊びなどに使われる。茎の下の部分は地面をはって伸び、茎の先は立ち上がって草丈30～50cmになる。枝分かれしながら節から根を出して増える。道端や田のあぜなどに生える。

キキョウ

【桔梗】

学名	*Platycodon grandiflorus*
別名	アリノヒフキ、オカトトキ、アサガオ、キチコウ
科名	キキョウ科
属名	キキョウ属
花期	7～9月
分布	北海道、本州、四国、九州

秋の七草に登場する「朝貌の花」

万葉集で山上憶良《やまのうえのおくら》が詠んだ秋の七草の「朝貌《あさがお》」が、このキキョウではないかと考えられている。わが国で古くから親しまれてきた花だが、現在は野生ではあまり見られない。山地の乾いた草原などに生える。草丈50～100cmで、茎の先に直径4～5cmの青紫色の花が数個咲く。花の先は5つに分かれている。開花直前のつぼみは紙風船のように膨らむ。雄しべが先に熟し、雌しべは、雄しべが花粉を出し終わってから受粉可能になる。これは自花受粉を防ぐための仕組み。

夏から秋の空の下に咲くキキョウ。

見てみよう

時間差で開くしべ

花が開くと、雄しべが開くが、雌しべは閉じたまま。やがて雄しべが枯れると、雌しべが開く。時間差によって自分の花粉で受粉しない仕組み。

ツルリンドウ

【蔓竜胆】

学名	*Tripterospermum trinervium*
別名	
科名	リンドウ科
属名	ツルリンドウ属
花期	8～10月
分布	北海道、本州、四国、九州

花の直径約2cm。長さ3cm程度。

茎がつる状になるリンドウの仲間

つる性のリンドウで、山の木陰などにはかなげな淡紫色の花を咲かせる。茎の長さは40～80cmくらいになる。葉は対生し、長さ3～5cmの先端がとがった狭卵形。葉の裏側は紫色を帯びていることが多い。花冠は5つに裂けて、裂け目の部分に、少しとがった形の「副片」がある。茎は紫がかることが多く、地をはうことも、木にからむこともある。果実は細長い球形で、赤紫色をしていて目立つ。果実の先の部分に、雌しべの花柱が残り、細長く突き出す。

食べてみよう

山の果物

それほどおいしくはないが、果実はそのまま食べられる。少しすっぱくて、わずかに甘く、柔らかい。ただ、種子が大きく、食べられる果肉は少ない。

リンドウ

【竜胆】

学名	*Gentiana scabra* var. *buergeri*
別名	ササリンドウ、エヤミグサ、 リュウタン、リウタム、リュウドウ
科名	リンドウ科
属名	リンドウ属
花期	9～11月
分布	本州、四国、九州

秋の野で日光を浴びて開く青紫色の花

きれいな青紫色の花は、秋の花の代表格として親しまれている。「竜胆」はリンドウの苦い根を乾燥させて作られた生薬のことで、リュウタンと読み、それがなまったのが名前の由来である。花は鐘形で、長さ4～5cm。花冠の先が5つに裂け、裂け目の部分に、少しとがったような「副片」がある。花の内側には、褐色の斑点模様がある。山の草地などに生え、草丈は20～100cmほど。立ち上がらないで、地面をはうこともある。葉は長さ3～8cmで対生する。

花は天気がよく、気温が高くないと開かない。

見てみよう

時間差性転換

花が開くと雄しべから花粉が放出される。雄しべがしおれると雌しべが開く。自家受粉を避けるため時間差で雄雌が変化する。

シュンラン

【春蘭】

学名	*Cymbidium goeringii*
別名	ホクロ、エクリ、ハクリ、ジジババ
科名	ラン科
属名	シュンラン属
花期	3～4月
分布	北海道、本州、四国、九州

地味だが美しいため盗掘されてしまうことも。

春の明るい林床に咲くラン

春に咲くランなのでシュンラン。ラン科の植物の花は独特な左右対称形をしている。花色は変化が大きい。シュンランの花の下部の唇弁には紅紫色の斑点がある。これをほくろに見立てた別名がホクロ。花弁を分解すると、雄しべと雌しべが合着した「ずい柱」が現れる。これが腰が曲がったお年寄りのようなのでジジババという別名がある。花茎は10～25cm。葉は常緑で細長く長さ20～35cm、幅0.6～1cm。上の写真は果実。乾いた林内に生える。

かいでみよう

甘くさわやかな香り

シュンランは香りのよいランである。特に暖かい日にはよい香りがする。花を塩漬けにしたものに湯を入れた蘭茶にして香りを楽しむこともある。

エビネ

【海老根】

学名	*Calanthe discolor*
別名	
科名	ラン科
属名	エビネ属
花期	4～5月
分布	本州、四国、九州、沖縄

静かに見守りたい美しい野生ラン

乱獲され、著しく数が減ってしまった野生ラン。唇弁（真ん中の花弁）は通常、淡紅白色で、側花弁と萼片《がくへん》は暗い褐色をしているが、花色は変異が大きい。唇弁がレモン色、側花弁と萼片《がくへん》が黄緑色のものもある。唇弁の先は、大きく3つに分かれている。花茎は高さ30～50cmで、長さ15～30cm、幅4～6cmの葉が2～3枚根生する。名前は地中の茎（偽鱗《ぎりん》茎《けい》）が横に連なった節があるように見える姿を、エビの尾に見立てて名づけられた。林の中に生える。

暗い林内でも春に花を咲かせる。

見てみよう

複雑な構造

花を横から見ると後ろに管状の距《きょ》がある。ここに蜜腺《みつせん》があり、蜜が分泌されるが、口が長いハナバチなどしか蜜を飲めないようになっている。

フタバアオイ

【双葉葵】

学名	*Asarum caulescens*
別名	カモアオイ
科名	ウマノスズクサ科
属名	カンアオイ属
花期	3～5月
分布	本州、四国、九州

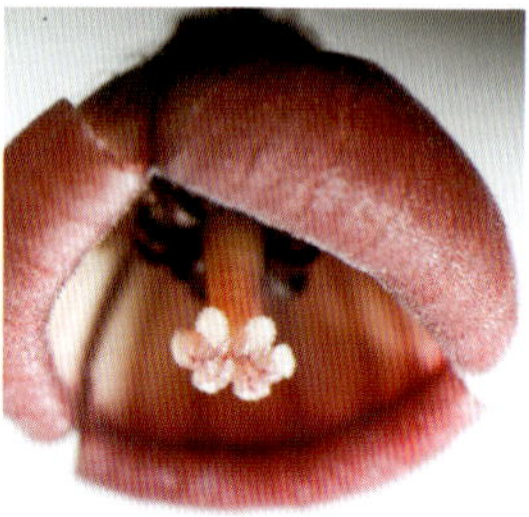

1
2
3
4
5
6
7
8
9
10
11
12

茎の先に2枚の葉が対生し、そのつけ根に花が咲く。

葉は2つ 林床によく見られる

地をはう茎の先端から、2つの葉が出るのが名前の由来。戦国大名の徳川家の家紋の三葉葵は本種の葉をデザイン化したもので実際にはミツバアオイという植物は存在しない。京都の葵祭りで飾られる葵も本種がモチーフとなっている。白～紅褐色の花は直径1.5cmで、葉の下に隠れるように下を向いて咲く。花に見えるのは花弁ではなく萼片《がくへん》で、咲くと上半分はくるりと反りかえり、萼片の外側に密着する。山には、よく似たウスバサイシンが生える。

触ってみよう

複雑な模様の葉

葉は一年生で薄く、ハート型。葉には細かい毛が生えている。葉脈の模様が独特なので、よく目立つ。ギフチョウの幼虫はこの葉を食べる。

スズメノカタビラ

【雀の帷子】

学名	*Poa annua*
別名	ニラミグサ、イチゴツナギ
科名	イネ科
属名	イチゴツナギ属
花期	3～11月
分布	日本全土

1
2
3
4
5
6
7
8
9
10
11
12

日本各地、世界各地に広がる草

「カタビラ（帷子）」とは着物の一種で、夏に着る、麻製の単衣（裏地のない着物）のことをいうが、名前の由来は、よく分かっていない。草丈は10～30cmほど、葉は長さ4～10cmで細長く柔らかい。花の集まりである小穂が、茎の上のほうに多数、円すい形につく。小穂は長さ3～5mm、淡緑色で、やや紫がかっているものが多い。花は小さいので目立たない。世界各地に広く分布する野草の一つで、日本全国の人家周辺の畑や道端に普通に生える。

小さく目立たない花なので、群落でも目立たない。

見てみよう

スズメには着られない

スズメは全長14.5cmほどもあり、本種を着るには大きすぎるようだ。和名のスズメは、小さいという意味を示している。

スズメノテッポウ

【雀の鉄砲】

学名	*Alopecurus aequalis* var. *amurensis*
別名	スズメノマクラ、ヤリクサ
科名	イネ科
属名	スズメノテッポウ属
花期	4～6月
分布	北海道、本州、四国、九州

葯《やく》はクリーム色。花粉を出すと黄褐色になる。

まっすぐな花の穂を鉄砲に見立てた

春、田おこし前の水田などに生えることが多い。細長くまっすぐな形の花序を鉄砲に見立てて、名前がつけられた。「スズメ」は、草丈が小さいことを意味している。穂を抜き取ったものを吹くと、草笛遊びができる。草丈は20～40cmで、全体が白っぽい緑色をしている。葉は長さ5～15cmで細長く柔らかい。小さな花が集まって、長さ3～8cmの、円柱のような形の花序になる。セトガヤは本種によく似ていて混同されやすいが、葯は花後も白～淡いクリーム色。

触ってみよう

草笛を吹く

花序から穂を抜き取り、葉を折り返す。薄い膜状の葉舌と呼ばれる部分が出てくるので、ここに息を吹き込むと、草笛になる。

カラスムギ

【烏麦】

学名	*Avena fatua*
別名	チャヒキグサ
科名	イネ科
属名	カラスムギ属
花期	5～7月
分布	ヨーロッパ、西アジア原産 日本全土に帰化

1
2
3
4
5
6
7
8
9
10
11
12

古い時代に渡来した帰化植物

名前は人間の食用にはならず、カラスが食べる麦の意味といわれる。ヨーロッパ原産で、古い時代に渡来したとされる。全国の畑や道端、荒れ地などで普通に見られる。草丈は60～100cm。葉は細長く、長さ10～25cmほど。茎から出た枝に、3個の花の集まりである小穂が多数、ぶら下がるようにつく。小穂には芒《のぎ》という長い毛のようなものがある。芒はねじれているが、湿ると伸び、乾くとまた元に戻る。この運動の繰り返しで地中に果実がもぐっていく。

雄しべが出ていないと咲いているかわからない。

触ってみよう

自分でもぐる果実

乾燥した果実を取り出して水をかけてみよう。ねじれていた果実が動き出すのがわかる。芒が回転することで、土の中に果実がもぐっていく。

コバンソウ

【小判草】

学名	*Briza maxima*
別名	タワラムギ
科名	イネ科
属名	コバンソウ属
花期	5～7月
分布	地中海地方原産 本州、四国、九州に帰化

1
2
3
4
5
6
7
8
9
10
11
12

日当りの良い場所であれば土を選ばず増える。

花の集まりが小判に見える

ヨーロッパ原産の帰化植物で、明治時代に観賞用として入ってきたものが野生化した。沿岸地の畑や道端などの、日当たりのよいところで見られる。草丈は30～70cmほど、葉は細長く、長さ5～12cm。小さな花の集まりである小穂は、長さ1.4～2.2cmくらいの扁平したただ円形で、1株に数個から20個くらいが垂れ下がってつく。小穂は、はじめは淡緑色だが、熟すと光沢のある黄褐色になり、この姿が小判に似ているということから、名前がつけられた。

聴いてみよう

ヒメコバンソウ

穂を振るとカサカサ小さな音がする。そこから別名のスズガヤ（鈴萱）とついた。小穂が長さ4mm程度で小さいのが名前の由来。

スズメノヤリ

【雀の槍】

学名	*Luzula capitata*
別名	スズメノヒエ
科名	イグサ科
属名	スズメノヤリ属
花期	4～5月
分布	北海道、本州、四国、九州

小さい花だけどよく観察すると美しい

頭花《とうか》の形が、大名行列の毛槍に似ていることから名づけられた。名前の「スズメ」は、「小さい」ということを意味する場合が多い。草丈は10～30cm。葉は茎の根元に多くつき、長さ7～15cmほどで細長く、ふちに長い毛が生えている。茎の先に、たくさんの小さい赤褐色の花が集まって、球状の花序になる。その下には、細長い葉のような形の苞葉《ほうよう》が2～3枚ある。花は雌しべが先に熟し、受粉後に雄しべが熟して花粉を出す。海の近くから山の上まで、幅広い環境に生える。

葉のふちには長くて白い毛が目立つ。

見てみよう

雌性先熟《しせいせんじゅく》

最初に雌しべが伸長し、その後雄しべが伸長し、葯《やく》が裂開して花粉を出す。自分の花粉が雌しべにつかないように自家受粉を避ける仕組み。

イグサ

【藺草】

学名	*Juncus decipiens*
別名	イ、トウシンソウ
科名	イグサ科
属名	イグサ属
花期	6～9月
分布	北海道、本州、四国、九州

茎と苞葉は一直線につながっているように見える。

触ってみよう

畳の部屋なら

畳の中心部はわらなどを編んで作られ、その表面をイグサの栽培品種で編んだ畳表が包む。畳の部屋があれば毎日イグサに触れていることになる。

茎が畳表の材料になる

別名の「イ」は、植物のなかでいちばん短い名前。人のいる場所を意味する「居」が語源で、畳表やむしろなどにイグサの茎が使われることから名づけられたといわれるが、諸説がある。山野の湿地などに生え、草丈は70～100cm。地中に、横に伸びる根茎がある。茎は断面が丸く、直立する。茎の根元につく、茶色いうろこ状のものが葉。花は小さく茎の先に集まってつく。その上に、緑色の長い苞《ほう》葉《よう》が伸びている。このため、苞葉が茎のように見える。

ハシリドコロ

【走野老】

学名	*Scopolia japonica*
別名	オメキグサ
科名	ナス科
属名	ハシリドコロ属
花期	4～5月
分布	本州、四国、九州

草全体に猛毒があり、苦しみ走り回る

草全体にアルカロイド類の毒性分を含む猛毒植物で、誤食すると嘔吐やけいれんなどの症状が現れ、死に至ることもある。苦しみのあまり、走り回るほどの中毒症状といい、根がヤマノイモ科のオニドコロ（p369）に似ているのが名前の由来。草丈は30～60cm。葉はだ円形で長さ6～18cm。花冠は鐘形で長さ2cmほど、先が浅く5つに裂け、下向きに垂れ下がって咲く。花の外側は紫色で、内側は淡黄緑色をしている。山地の湿った林内に生える。

春の山で咲き、時に群落になる。

注意しよう

走り回るほどの猛毒

花は内側が黄緑色で目立つ。口にすると走り回るほど苦しむという猛毒。新芽は何かの山菜に似ているわけではないが、注意しよう。

カテンソウ

【花点草】

学名	*Nanocnide japonica*
別名	
科名	イラクサ科
属名	カテンソウ属
花期	4～5月
分布	本州、四国、九州

小さく目立たないので、点のような花とされた。

花粉を自力ではじき飛ばす花

花が開いた時に出る雄しべは小さく点のようだというのが名前の由来。草丈は10～30cm。葉は長さ1～3cmでひし形に近く、ふちに粗い鋸歯がある。雄花と雌花が同じ株につく雌雄同株《しゆうどうしゅ》。雄花には5枚の花被片《かひへん》がある。つぼみのときには、雄しべが内側に曲がった形でしまい込まれているが、花が開くと雄しべが飛び出し、その勢いで、花粉がはじけ飛び、風が弱くても花粉を散布する。雌花は葉《よう》腋《えき》で咲き、目立たない。山野の林内、道端に生える。

見てみよう

はじけ飛ぶ花粉

雄花には5個の花被片《かひへん》がある。最初は閉じているが、一つずつ開くと、雄しべがはじけるように開いていく。その衝撃で花粉がはじけ飛ぶ。

ナツトウダイ

【夏燈台】

学名	*Euphorbia sieboldiana*
別名	イブキタイゲキ
科名	トウダイグサ科
属名	トウダイグサ属
花期	4～5月
分布	北海道、本州、四国、九州

名前は「夏」でも、開花は春

野山の草地に生える。草丈は20～40cmで、茎が紅紫色を帯びている。葉は長いだ円形で互生する。茎の先に4～5枚の葉が輪生し、葉腋《ようえき》から出た枝の先端に2枚の三角形の苞葉《ほうよう》に抱かれた花序をつける。トウダイグサ属の植物の花は杯状花序《はいじょうかじょ》という珍しい構造で、総《そう》苞片《ほうへん》が5枚合わさってつぼ形になり、その中に雄しべだけの雄花が数個、雌しべだけの雌花が1個入っている。花序の外縁部に蜜を出す腺体《せんたい》があり、本種の腺体は紅紫色で両端がとがっているのが特徴。

トウダイグサ属の植物は腺体の形が見わけのポイント。

注意しよう

触らないようにしよう

茎を切ると出てくる白い乳液に触るとかぶれることがあるので触らないこと。また、トウダイグサの仲間は強い毒草なので口にしてはいけない。

マムシグサ

【蝮草】

学名	*Arisaema japonicum*
別名	クチナワノシャクシ、ヘビノダイハチ、ヤマゴンニャク、ムラサキマムシグサ
科名	サトイモ科
属名	テンナンショウ属
花期	4～6月
分布	本州（関東地方以西）、四国、九州

マムシが鎌首をもたげたようでもある。

マムシのような まだら模様

茎のように見える部分にまだら模様があり、これがマムシの模様に似ていることから名づけられた。茎に見えるのは、葉のさやが花茎《かけい》を取り巻いたもの。林の中に生え、草丈は30～50cm。地下の球茎《きゅうけい》から2枚の葉が伸びる。葉は7～15枚に分かれている。花序は、大きな苞葉《ほうよう》（仏炎苞《ぶつえんほう》）に包まれる。苞葉の色は淡緑から紫色で、白いすじが目立つ。テンナンショウ属の仲間は、株が小さいときは雄花を咲かせ、生長すると雌花を咲かせて性転換する。

見てみよう

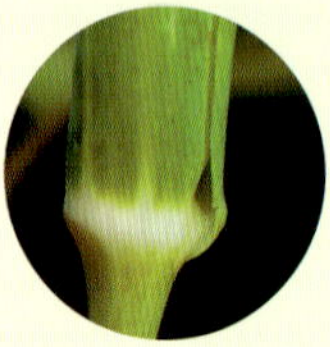

出口のある花にない花

独特のにおいでハエを誘う。雄花（写真）で花粉をつけたハエが透き間から脱出し、雌花にももぐると受粉する。雌花には出口がなく中で死ぬ。

ミミガタテンナンショウ

【耳形天南星】

学名	*Arisaema limbatum*
別名	
科名	サトイモ科
属名	テンナンショウ属
花期	4～5月
分布	本州、四国

マムシグサよりやや花期が早い

花序を包む苞葉《ほうよう》（仏炎《ぶつえん》苞《ほう》）の開口部下のふちが、耳たぶのように張り出していることから名づけられた。「天南星《てんなんしょう》」は、この仲間の漢名。草丈は30～40cmで、花の咲き始めのころはまだ葉が開いていない。地下の球茎《きゅうけい》から2枚の葉が伸び、葉は7～11枚に分かれる。仏炎苞は暗い紫色、口の部分が横に張り出している。中に小さい花が集まった花序がある。果実の時期には、雌株に球形の果実が集まる。本州と四国の林の中に生える。地方ごとに多くの種がある。

関東では山地の林でよく見られる。

見てみよう

性転換する植物

サトイモ科の植物の多くは、最初は雄花を咲かせ、球茎《きゅうけい》に栄養がたまると雌花を咲かせる。果実は最初緑色で、その後赤くなる。果実は黒い床につく。

ムサシアブミ

【武蔵鐙】

学名	*Arisaema ringens*
別名	カキツバナ（古名）
科名	サトイモ科
属名	テンナンショウ属
花期	3～5月
分布	本州（関東地方以西）、四国、九州、沖縄

一度見ると忘れられない独特な姿。

仏炎苞《ぶつえんほう》がぐるっと丸まった形

山地から海岸近くの林の中などに生える。花序を包む苞葉《ほうよう》（仏炎苞《ぶつえんほう》）がぐるっと丸まった形で、これをかつて武蔵の国で作られた馬具の鐙《あぶみ》に見立てたのが名前の由来。武蔵鐙は輪に足を通す一般的な鐙と異なり、スリッパのような形をしていた。高さ30～60cmの地下の球茎《きゅうけい》から、2枚の葉を出す。葉は大形で3つに分かれている。小さい花が集まってできた花序は、暗紫色から緑色の苞葉（仏炎苞）に包まれている。仏炎苞には明るいすじがあり、色の変異が大きい。

見てみよう

若い青い果実

ムサシアブミの果実は緑色の期間が長い。春の終わりに緑色の果実がつき、秋の終わりまでそのままの状態で、冬になると朱色になる。

ウラシマソウ

【浦島草】

学名	*Arisaema thunbergii ssp. urashima*
別名	
科名	サトイモ科
属名	テンナンショウ属
花期	3～5月
分布	北海道、本州、四国、九州

浦島太郎が釣り糸を垂れている姿

山野の林内や林縁に生える。地下の球茎《きゅうけい》から、長くて太い葉柄のある葉が伸び、高さ40～50cmになる。葉が11～17枚に分かれる鳥足状複葉。花は雌雄異株で、紫褐色の大きな苞葉《ほうよう》（仏炎苞《ぶつえんほう》）に包まれている。小さな花が集まった花序になり、花序の先の付属体が釣り糸のように長く伸びて、苞葉の外へ垂れ下がったものを浦島太郎の釣り糸に見立てて、この名前がつけられた。果実は球形で赤く、多数集まってつく。若い株は雄花、大きくなると雌花を咲かせる。

糸は紫褐色で長さは60cm程度。

見てみよう

釣り糸は何のため

長い釣り糸状のものは花序の付属体と呼ばれるものの先端部。これを伝わって、昆虫が花の中に入り、花粉を別の花に運ぶという説もある。

カラスビシャク

【烏柄杓】

学 名	*Pinellia ternata*
別 名	ハンゲ、ヘソクリ
科 名	サトイモ科
属 名	ハンゲ属
花 期	5～8月
分 布	日本全土

別名の半夏（ハンゲ）とは漢方名で吐き気止めになる。

ひもが伸びる 使えないひしゃく

カラスビシャクの花序は、緑色の筒の中から細いひも状のものが外に出る、という変わった形。この花の形をひしゃくに見立てたものの、人間が使うひしゃくより小さく、ひしゃくとしては使えないのでカラスがついたのが名前の由来。花の色は緑が多いが、紫がかったものもある。花の筒状の部分を仏炎苞《ぶつえんほう》といい、葉が変化したものである。ひも状の部分(花序の付属体)の下に雄花と雌花があり花序になる。花茎《かけい》は高さ20～40cm。小葉は3枚あり、花より低い。

見てみよう

小さな繁殖体、珠芽《むかご》

秋ごろ、葉の基部や葉柄の途中をよく見ると、小さなイモのような形をした珠芽(写真)が見つかる。種子だけでなく、珠芽や球根で増える。

コチャルメルソウ

【小哨吶】

学名	*Mitella pauciflora*
別名	
科名	ユキノシタ科
属名	チャルメルソウ属
花期	2～6月
分布	本州、四国、九州

小さな花の不思議に気づくと楽しい

チャルメル（チャルメラ）とは、ラーメンの屋台などで使われたラッパに似た小形の楽器。果実の形がチャルメルに似たチャルメルソウに比べ、小さいことが名前の由来。花序が立ち上がり、花茎《かけい》に1～9個の花がつく。花色は紅紫～淡黄緑色で、直径8mm程度。魚の骨のようなものが花弁で、よく見ると小さな粒状のものがついている。雄しべは花の中心から離れた部分につく。草丈は20cmほどで、全草に毛が多い。渓流沿いなど湿り気のある林床に生える。

花が地味なので、群落があっても見のがしてしまう。

見てみよう

ラッパの形の果実

花をよく見ると複雑な形をしていておもしろいが、果実もラッパに似たチャルメルのようでおもしろい。先端のくぼみに種子がある。

ウラジロチチコグサ

【裏白父子草】

学名	*Gamochaeta coarctata*
別名	
科名	キク科
属名	チチコグサモドキ属
花期	4～8月
分布	南アメリカ原産。本州（関東地方以西）、四国、九州に帰化

荒れ地や道端などに生える。

近年分布を広げている帰化植物

南米原産の帰化植物。葉の裏に白い毛が密に生え、まっ白に見えることから「ウラジロ」の名がある。茎にも毛が生えて白く見える。葉の表面にはあまり毛がない。茎につく葉は、ふちが波打っている。草丈は20～80cmほどになり、根元から枝分かれする。地をはう枝を伸ばし増える。直径4mmほどの頭花が、茎の上部に集まってつき、頭花を包む総苞片《そうほうへん》は黄緑色。チチコグサ（右頁）よりも全体に大きい。近年関東から九州で増えており、北へ分布を広げつつある。

触ってみよう

葉裏に毛が多い

ウラジロの名のとおり、まっ白に見えるほど葉裏に毛が多い。しかし、触ってみると見た目ほどふさふさせず、意外に感じる。

チチコグサ

【父子草】

学名	*Euchinton japonicum*
別名	アラレギク
科名	キク科
属名	チチコグサ属
花期	5～10月
分布	日本全土

よく似た帰化植物が多い日本在来植物

黄色の花のハハコグサに比べ、花色が地味なのが名前の由来。山野の道端や、乾いた土手などの草地に生える。草丈は15～30cm。地をはう茎を伸ばして増える。茎の先に、鐘形の頭花《とうか》がたくさん集まる。頭花は褐色で花弁も目立たず地味。直径5mmほどで小さいので、一見1つの花に見えるが、実際はさらに小さな花の集まり。葉は細く、長さ2.5～10cm。葉の表面には薄く毛が生え、裏には毛が密に生えて白っぽく見える。根元には葉が多くつき、花の時期も残る。

線が細く弱々しい印象。

触ってみよう

苞葉《ほうよう》の周りも毛が多い

花の周囲にある苞葉には綿毛が多く、触るとふさふさした感じがする。苞葉は花の周囲で目立ち、昆虫をひきつける効果をもつこともある。

チチコグサモドキ

【父子草擬】

学名	*Gamochaeta pensylvanica*
別名	
科名	キク科
属名	チチコグサモドキ属
花期	4～9月
分布	北アメリカ原産 本州、四国、九州に帰化

道端や人家のそばなど、いたる所に生える。

触ってみよう

細毛が葉の裏表に

チチコグサモドキは、葉の表裏にクモの糸のような毛が生える。よく似たウラジロチチコグサは葉表に毛がなく、葉裏は細毛で真っ白。

剛健で、アスファルトの透き間でも生える

大正～昭和初期に渡来したといわれる野草で、戦後、急速に広まった。現在では世界各地に分布を広げている。チチコグサ（p347）によく似ているのが名前の由来。茎の上部の、葉《よう》腋《えき》から枝を出して花をつける。この枝分かれをすることがチチコグサと見わける大きな特徴となる。地面近くの葉は開花とともに枯れていく。草丈は10～30cm。淡褐色の小さな頭花《とうか》は、数個ずつかたまってつく。総苞《そうほう》は長さ4～5mm。草全体に綿毛が密生しているので、灰白色を帯びる。

イヌムギ

【犬麦】

学名	*Bromus catharticus*
別名	
科名	イネ科
属名	スズメノチャヒキ属
花期	5～8月
分布	南アメリカ原産 日本全土に帰化

道端や草地など身近な所に多く生える

南アメリカ原産の帰化植物で、明治初期に日本に入ってきたといわれ、現在は道端や草地、田畑などで、よく見られる。草丈は40～120cm、茎は3～4本が束になって生える。茎の先のほうに、花の集まりである小穂が2列になってたくさんつき、垂れ下がる。小穂は長さ2～2.5cmと大きく、6～10個の小さい花が集まっていて、緑色で平たい。よく似た植物に、花の先につく突起（ノギ）と雄しべの葯《やく》が長い、ヤクナガイヌムギがある。葉は細長く、長さ15～30cm。

花が開かない閉鎖花《へいさか》をつける個体がある。

ネズミムギ

多い帰化植物

牧草として明治時代に移入されたものが野生化して、荒れ地や河原、草地などで増えている。長さ2～2.5cmの小穂を作る。草丈40～70cm。

メヒシバ

【雌日芝】

学名	*Digitaria ciliaris*
別名	メシバ
科名	イネ科
属名	メヒシバ属
花期	7～11月
分布	北海道、本州、四国、九州

1
2
3
4
5
6
7
8
9
10
11
12

小穂は細くしなやかで、草相撲に最適。

触ってみよう

草遊びができる

穂が細く長く、ひっぱり合って切れたほうが負けというルールの草相撲をしたり、花序を結んで傘を作ったり、いろいろ遊ぶことができる。

オヒシバよりも細く柔らかい

一見似ているオヒシバ（右頁）と比べ、茎や葉がほっそりしていることが名前の由来。道端や空き地、畑などで普通に生える。草丈は30～90cmで、茎の下のほうは地をはい途中から枝分かれする。葉は細長く、長さ8～20cmほど、薄くて柔らかい。茎の先が、3～8本ほどの枝に分かれ、小さな花の集まりである小穂が密につく。花がついた枝の太さは1mmほどで、オヒシバより細い。よく似たコメヒシバは、草丈が10～30cmほどで、本種より小さい。

オヒシバ

【雄日芝】

学名	*Eleusine indica*
別名	チカラグサ
科名	イネ科
属名	オヒシバ属
花期	8～10月
分布	日本全土

メヒシバと比べてたくましい印象

メヒシバ（左頁）に似ているが、茎や葉がより丈夫で、がっしりした印象があるため、雄とされたのが名前の由来。引っ張っても簡単には切れないほど強いので、チカラグサという別名もある。道端や草地、畑などで普通に見られる。草丈は30～60cm、茎は根元で枝分かれしている。葉は細長く、長さ8～20cmほど。茎の先が2～6本ほどの枝に分かれ、その片側に、小さな花の集まりである小穂が並んでつく。花がついた枝の太さは4～5mmで、メヒシバより太い。

道端で群落となることも多い。

見てみよう

穂が太くて短い

メヒシバに比べると、太く短いオヒシバの穂。メヒシバを女性、オヒシバを男性に例えて名づけられた。この穂で草相撲をして遊ぶ。

イヌビエ

【犬稗】

学名	*Echinochloa crus-galli* var. *crus-galli*
別名	ノビエ
科名	イネ科
属名	ヒエ属
花期	8～10月
分布	日本全土

田の中に混じって生えることも多い。

田や畑の雑草としてはびこる草

道端や田畑、草地などで普通に生える。ヒエに似ているが食べられないので、人間の役に立たないヒエという意味でこの名がつけられた。野に生えるヒエの意味で、ノビエとも呼ばれる。草丈は80～120cmほどで、茎は根元で枝分かれしている。葉は細長く、長さ30～50cm。茎の上の方で、短い枝がたくさん分かれ、小さな花の集まりである小穂になる。変種のタイヌビエは水田に多く、葉のふちが白く厚くなるのが特徴で、駆除するのが難しい厄介者。

シマスズメノヒエ

ヒエもいろいろ

近年増えてきた南米原産の帰化植物。名前にヒエとつくが、ヒエに似ているために名づけられたイネ科植物で、イヌビエの近縁種ではない。

ヨシ

【葦、蘆、葭】

学名	*Phragmites australis*
別名	アシ
科名	イネ科
属名	ヨシ属
花期	8～10月
分布	日本全土

丈夫な茎がよしずの材料になる

「アシ」の名が「悪し」に通じるということで、別名だった「ヨシ」(良し)で呼ばれるようになった。池、沼、川岸などの湿地に生える草で、地下茎で増え広がる。草丈は1.5～3m。堅く太い茎がまっすぐ伸びる。この茎は、よしずなどの材料になる。葉は細長く、長さ20～50cm。小さな花が集まって穂になり、茎の先につく。花の集まりである小穂は紫がかっていて、白い毛とノギと呼ばれる突起がある。よく似たツルヨシは川岸に多く、根茎《こんけい》が地表をはって伸びる。

湿地に生え、多くの生き物のすみかとなる。

ツルヨシ

つるがはって延びる

大きな川の上流に生えるのがツルヨシ。1.5～2mの高さで、地面をはう枝を長く伸ばすのが特徴。ヨシはより下流に生える。

アキノエノコログサ

【秋の狗尾草】

学名	*Setaria faberi*
別名	
科名	イネ科
属名	アワ属
花期	8～11月
分布	北海道、本州、四国、九州

1 2 3 4 5 6 7 8 9 10 11 12

エノコログサよりも大きく、垂れ下がる穂も長い。

エノコログサよりも多く、穂が垂れ下がる

道端や空き地などで普通に見られる。エノコログサ（右頁）によく似ているが、穂（花序）が直立するエノコログサに対して、本種は花序が垂れ下がるのが特徴で、花期がやや遅い。草丈は50～80cm、花序の長さは5～12cm、葉の長さは30～40cmで、エノコログサより全体的にやや大形。葉の表面には毛が生えている。花序は小さな花からなる小穂の集まり。小穂は緑色で、紫色を帯びていることもある。小穂一つ一つの大きさは2.8～3mmで、エノコログサより大きめ。

キンエノコロ

夕日に輝き美しい

アキノエノコログサやエノコログサの穂に生える長い毛は緑色だが、キンエノコロは黄金色。ムラサキエノコログサは毛が紫褐色。

エノコログサ

【狗尾草】

学名	*Setaria viridis*
別名	ネコジャラシ
科名	イネ科
属名	アワ属
花期	8～11月
分布	日本全土

ネコジャラシとして親しまれる

穂（花序）が犬のしっぽに似ていることから名づけられた。別名のネコジャラシは、花序で猫をじゃらすことに由来する。日本全国の道端や荒れ地で普通に見られる。草丈は30～80cm、茎が根元部分で枝分かれして倒れ、上部がまっすぐ上へ伸びる。花序は小さな花からなる小穂の集まりで、穂全体で長さ3～6cm、緑色の毛があり、まっすぐ上に伸びているものが多い。葉は長さ10～20cmで細長い。同属のキンエノコロは、名前のとおり、小穂の毛が黄金色。

一見地味だが、逆光で見るととても美しい。

触ってみよう

ニギニギすると

エノコログサの穂を持って、細かく握ったり緩めたりしてみよう。毛が一方向を向いているので、手の中で穂が一定の方向に進んでいく。

チカラシバ

【力芝】

学名	*Pennisetum alopecuroides*
別名	ミチシバ
科名	イネ科
属名	チカラシバ属
花期	8～11月
分布	日本全土

逆光で見ると、小穂が美しい。

力を込めても簡単には引き抜けない

道端や草地の日当たりのよい場所に生える。根がしっかりと張り、簡単には引き抜けないことから名づけられた。たくさん集まって生え、大きな株になる。小さな2つの花が集まったものが小穂で、小穂が集まったものが花序になる。花序は長さ10～20cm。小穂に暗い紫色の毛があるので、花序はブラシのように見える。草丈は50～80cm。根元の葉は細長く、長さは30～70cmで、表面を触るとざらざらしている。毛が淡緑色のものもあり、アオチカラシバという。

触ってみよう

力いっぱい引っ張る

チカラシバは根が深く張っている。根元を持って力いっぱい引っ張ってみたが、茎がプチプチ切れただけで、名の由来のとおり抜けなかった。

ジュズダマ

【数珠玉】

学名	*Coix lacryma-jobi*
別名	トウムギ
科名	イネ科
属名	ジュズダマ属
花期	9～11月
分布	熱帯アジア原産。本州（関東地方以西）、四国、九州に帰化

果実に見える部分は石のように堅い

熱帯アジア原産で、古い時代に渡来したとされる。水辺に生え、草丈は1～2m。葉は長さ50cm、幅1.5～4cm。茎の上部から枝を伸ばして、その先につぼ形をした緑色の苞鞘《ほうしょう》をつける。苞鞘の先からは雄花の集まりと、雌しべの柱頭が飛び出ている。このつぼのような苞鞘の中で果実が熟し、黒く堅くなる。堅くなった苞鞘は果実のように見え、中心には穴が開いているので、糸を通してつなげ、数珠のようにして子どもたちが遊んだのが、名前の由来といわれる。

人里近くに生えることが多い。

触ってみよう

果実で作る数珠

ジュズダマの果実はつやつやして黒い。実際に針で糸を通して数珠を作ることもできる。ハト麦はジュズダマの栽培品種。茶や生薬として利用。

オニノヤガラ

【鬼の矢柄】

学名	*Gastrodia elata*
別名	オニヤガラ、カミノヤガラ
科名	ラン科
属名	オニノヤガラ属
花期	6～7月
分布	北海道、本州、四国、九州

まっすぐ突き出た巨大な花茎を見ると驚く。

葉緑素をもたず ナラタケに寄生する

まっすぐに伸びた花茎《かけい》を、鬼が使う大きな矢が地面に突き刺さっている様子に見立て、花序を矢の柄に例えたのが名前の由来。ナラタケの菌糸に寄生して養分を得る寄生植物《きせいしょくぶつ》（腐《ふ》生植物《せいしょくぶつ》）で、葉も葉緑素《ようりょくそ》もない。花はつぼ形で入り口は一見狭いが、小さなハチが花の中に入るときに唇弁《りんべん》が動き広がる。花は20～50個。地味だが、ランらしい花のつくりだ。草丈0.6～1m。花も茎も赤褐色。雑木林内に生える。外見がよく似て、全体が緑色のものをアオテンマと呼ぶ。

見てみよう

ハチに繁殖を托す

花を観察していると、小形のハチが飛んでくる。器用に花をこじ開け、頭から花の中に入る。頭から出てくるときは、背中に花粉塊《かふんかい》がついている。

ガマ

【蒲】

学名	*Typha latifolia*
別名	ヒラガマ、ミスグサ、アカマ、シキナ
科名	ガマ科
属名	ガマ属
花期	6～8月
分布	北海道、本州、四国、九州

ソーセージのような太い「ガマの穂」

池や沼などの水中から生え、水底に地下茎を伸ばして増える。ソーセージのような形の太い穂が特徴的。草丈は1.5～2mと大きい。花穂の太い部分は雌花の集まりで、長さ10～20cm。その上の黄色く細い部分が雄花の集まりで、長さ7～12cm。熟すと穂は茶色くなりほぐれて、白い綿毛のある果実が風で飛ばされる。『古事記』の因幡の白兎の話には、毛皮をはがされたウサギがガマの花粉で傷をいやす場面がある。花粉には薬効があり「蒲黄《ほおう》」という生薬になる。

花が終わった後も、穂はそのまま。

ヒメガマ

ガマより葉が細い

花粉をたくさん飛ばす茶色の雄しべ部分と、緑の雌しべ部分が離れるのがヒメガマの特徴。ガマは雄しべ部と雌しべ部が接する。

ギシギシ

【羊蹄】

学名	*Rumex japonicus*
別名	イチシ、シノネ、シブクサ
科名	タデ科
属名	ギシギシ属
花期	6～8月
分布	北海道、本州、四国、九州

「スカンポ」と呼ばれ、山菜として利用される。

春の新芽は食べられる

名前の由来は、葉や茎をこすりあわせると、ギシギシと音がするからという説もあるが、はっきりしていない。やや湿った場所に生え、草丈は60～100cm。葉は長さ10～25cmと大きめの長だ円形で、ふちが大きく波打っている。新芽は食用に、根は薬用になる。小さな淡緑色の花がたくさん集まって長い穂になる。花が終わると、内側の花被片《かひへん》が翼《よく》になり、真ん中がこぶのように膨らんで果実を包む。同属のエゾノギシギシは、本種より大形で、葉の主脈や花序が赤っぽい。

ナガバギシギシ

帰化植物のギシギシ

ナガバギシギシやエゾギシギシなど数種類ある。見わけのポイントは果実の形。ギシギシの果実の翼にはある細い鋸歯がナガバギシギシにはない。

スイバ

【酸い葉】

学名	*Rumex acetosa*
別名	スカンポ
科名	タデ科
属名	ギシギシ属
花期	5～8月
分布	北海道、本州、四国、九州

生で食べられるが茎や葉が酸っぱい草

茎や葉などにシュウ酸が含まれ、生でかじると酸っぱい味がするので、「酸い葉」と名づけられた。シュウ酸(蓚酸)の「蓚」は、本種を意味する。葉は茹でてアクを抜くと食べやすくなる。草地や田のあぜなどで普通に見られる。草丈は30～100cm。葉は長さ10cmほどで、根元の葉には長い柄がある。花茎《かけい》につく葉は茎を抱く。雌雄異株で、花は小さく、茎の先に集まり花序になる。雌花が果実になると、内側の花被片《かひへん》が大きな翼のように広がり赤くなって目立つ。

ギシギシやイタドリと共に「スカンポ」と呼ばれる。

見てみよう

葉のつけ根を見る

スイバの仲間にはよく似たものが多いが、花茎につく葉の基部が耳状に伸びて茎を抱くようになるのがスイバの特徴。

イシミカワ

学名	*Persicaria perfoliata*
別名	アシカキ
科名	タデ科
属名	イヌタデ属
花期	7～10月
分布	日本全土

花は小さく、大きく開かない。

果実をお皿に盛ったようなユニークな姿

河原や田のあぜなどやや湿った場所に生える。つる性で、茎や葉柄に下向きのとげがたくさんあり、これで他物にからみついて伸びる。三角形の葉や、葉柄のつけ根にある丸い托葉《たくよう》が特徴的。葉の長さは2～4cmで、葉柄は葉の裏側から楯状につく。花は白っぽい緑色で小さく、目立たない。花被が果実を包んで球形になる。実の色は淡緑色から紫、藍色に変わる。丸い苞葉《ほうよう》の上に果実が集まってつくので、皿にだんごを盛ったような独特な形になる。

触ってみよう

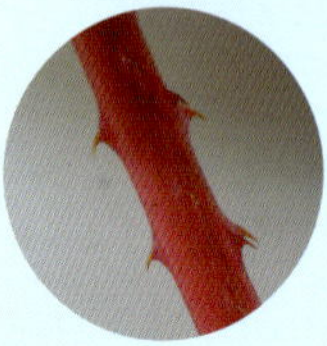

気をつけて触ろう

茎には下向きに鋭いとげがある。このとげでほかの植物に絡み、自分で立ち上がることなく、はい上がる。かなり大きいとげで、触ると痛い。

コニシキソウ

【小錦草】

学名	*Euphorbia maculata*
別名	
科名	トウダイグサ科
属名	トウダイグサ属
花期	6～12月
分布	北アメリカおよび中南米原産 日本全土に帰化

くっきりと浮かぶ 紫褐色の斑紋が目印

畑地や道端、コンクリートの割れ目など、人家近くで日当たりがよい場所なら、どこにでも生える。葉の中心近くに紫褐色の模様があるのが大きな特徴。茎は地面をはうように伸び、長さ20～30cmになる。茎は淡い茶色で、折ると白い乳液のようなものが出てくる。果実全体に白色の毛がびっしりと生える。よく似た植物に、葉が緑色で模様が不明瞭、果実が無毛のニシキソウがある。ニシキとは、葉の緑色と茎の赤さの対比を「錦」に例えたもの。

踏みつけられると、地面をはうように伸びて広がる。

オオニシキソウ

名前ほど大きくない

北アメリカ原産の帰化植物。全体に大柄で、茎が斜めに立ち上がる。果実は無毛、花弁のように見える腺体《せんたい》（蜜を出す部分）が白い。

チドメグサ

【血止草】

学名	*Hydrocotyle sibthorpioides*
別名	チトメグサ
科名	ウコギ科
属名	チドメグサ属
花期	6～10月
分布	本州、四国、九州、沖縄

花は葉の下に隠れるように咲く。

昔、傷口の血止めに使われていた

道端や庭先などに生える。細い茎が枝分かれしながら、地面にへばりつくように伸びていく。葉は直径1～1.5cmで丸く、浅い切れ込みが入り、ふちに鋸歯がある。葉の表面にはつやがある。花は緑色で小さく、集まって咲く。果実も直径約1mmと小さい。葉をもんで傷口につけると血が止まるということから「血止草」と名づけられた。同属のオオチドメは、葉がチドメグサより大きい。またノチドメはやや湿った場所で見られ、葉の切れ込みがチドメグサより深い。

オオチドメ

花序が上に伸びる

オオチドメはチドメグサによく似ている。チドメグサが葉の下で花を咲かせるのに対し、オオチドメは花序が上に伸びる点が異なる。

ヤエムグラ

【八重葎】

学名	*Galium spurium* var. *echinospermon*
別名	
科名	アカネ科
属名	ヤエムグラ属
花期	4～6月
分布	日本全土

葉を服にくっつける遊びがなつかしい

春の人里近くの草地や道端、植えこみなどに、折り重なるように生え、やぶになる。葎《むぐら》とは雑草のやぶのこと。茎の断面は四角形で、それぞれに稜《りょう》があり、そこに沿ってかぎ形のとげがある。細長い葉が4～8枚輪生する。花は直径1mm程度、よく見ないとわからないほど小さく十字形。花色は白に近い黄～黄緑色で、10個ほどつける。果実は丸く緑色で、2つが対になる。草丈は30～90cm。本種は自立しないが、山には近縁種で自立し、葉が6枚輪生するクルマムグラがある。

花は咲いているが、あまりにも小さい。

触ってみよう

寄りかかる茎

ほかの草に寄りかかって立ちあがるため、引っかかりやすいように茎には下向きに曲がった小さなとげがある。触るとざらざらする。

アカネ

【茜】

学名	*Rubia argyi*
別名	アカネカズラ、ベニカズラ
科名	アカネ科
属名	アカネ属
花期	8～10月
分布	本州、四国、九州

1
2
3
4
5
6
7
8
9
10
11
12

花は小さいが、まとまって咲くと目立つ。

四角い茎に４枚の葉が輪生するつる植物

やぶや林のふちなどに生えることが多いつる植物。柄のある葉が４枚、ぐるりと輪になってつくのが特徴。この４枚のうち２枚は、托葉《たくよう》が葉と同じような形に変化したもの。茎の断面が四角形をしている。茎や葉柄などに、下向きのとげがたくさん生え、これでほかの植物などにひっかかって伸びる。花は淡黄緑色で、直径３～４mmほどで小さく、花冠は５裂する。果実は球形で、黒く熟す。名前は「赤根」を意味するといわれ、根が古くから染料に用いられた。

触ってみよう

つる植物のとげ

ほかの植物に寄りかかるように伸びるつる植物なので、ひっかかりやすいよう四角形の茎には小さなとげが生えていて、触るとざらざらする。

シオデ

【牛尾菜】

学名	*Smilax riparia*
別名	ショウデ、シオデカズラ、シュデコ、ショーデンズル、ソデ、ソデコ
科名	サルトリイバラ科
属名	サルトリイバラ属
花期	7～8月
分布	北海道、本州、四国、九州

山のアスパラガスのような山菜

春の新芽は山菜として、茹でたり炒めたりして食べられ、アスパラガスのような風味がある。名前の由来は、アイヌ語の「シュウオンテ」が転じたものといわれる。山野に生えるつる植物で、巻きひげを出して他物にからみついて伸びる。葉は長さ5～15cmで、5～7本の脈がある。花は淡黄緑色で小さく、花序は球のような形になる。雌雄異株《しゆういしゅ》で、雄花の花被片《かひへん》は細長く、雌花の花被片は小さい長だ円形。果実は黒色で直径約1cm、球状に集まる。

雄花。雌しべはなく長い雄しべが目立つ。

サルトリイバラ

赤い実が美しい

サルトリイバラはシオデの仲間。草ではなくて、つる性の木。花はシオデにそっくりだが、果実は赤い。シオデは果実が黒い。

ノブドウ

【野葡萄】

学名	*Ampelopsis glandulosa* var. *heterophylla*
別名	ザトウエビ、ウマブドウ、イシブドウ
科名	ブドウ科
属名	ノブドウ属
花期	7～8月
分布	日本全土

色とりどりの果実に比べ、花は地味で目立たない。

色とりどりの果実は宝石のよう

山野に生えるつる植物で、巻きひげで他物にからみついて伸びる。果実の大きさは6～8mmで、青、紫色、淡緑色など変化に富んだ色合いが美しいが、食べられない。また、タマバエの幼虫が果実に虫こぶをつくるので、膨らんでいる果実が多い。葉は直径5～15cmで、3～5つの切れ込みがある。よく似たエビヅルは、葉の裏面に毛が密生しているが、ノブドウの葉は、裏面の葉脈上にまばらに毛が生える。花は直径3～5mmで、黄緑色の花弁が5枚ある。

見てみよう

食べられないブドウ

ノブドウの果実は色とりどりでとてもきれいだが、残念ながら食べられない。ヤマブドウは食べることができておいしい。

オニドコロ

【鬼野老】

学名	*Dioscorea tokoro*
別名	トコロ
科名	ヤマノイモ科
属名	ヤマノイモ属
花期	7～8月
分布	北海道、本州、四国、九州

ハート形の葉をつけるつる植物

野山で普通に見られ、ほかの植物やフェンスなどにからまって伸びるつる植物。葉は長さ5～12cmほどのハート形で、先が長くとがっている。花は雌雄異株《しゅういしゅ》、雄花は薄緑色で小さく、上向きにつく。雌花の集まりは下向きに垂れ下がる。果実には3つのひれがあるのが特徴。同属のヤマノイモとよく似ているが、ヤマノイモの葉が対生するのに対し、オニドコロの葉は互生。また、ヤマノイモのイモは食用にされるが、オニドコロの根茎《こんけい》は食べられず、珠芽《むかご》もできない。

小さな雌花。果実はすぐに膨らむ。

見てみよう

オニドコロの雌花

オニドコロは雌雄異株《しゅういしゅ》。雌花の花序は垂れ下がり、上部からどんどん果実が大きくなっていく。果実は上向きにつき、3方向に伸びる翼《よく》がある。

カラムシ

【茎蒸】

学名	*Boehmeria nivea* var. *concolor* f. *nipononivea*
別名	マオ、クサマオ
科名	イラクサ科
属名	ヤブマオ属
花期	7～9月
分布	本州、四国、九州、沖縄

葉の下に雄花が見える。

触ってみよう

独特の手触り

葉を触ってみよう。葉表はざらざらするが、葉裏は白い綿毛が密生しふかふかした手触りがする。本種はフクラスズメなど多くの昆虫の食草である。

丈夫な繊維から織物がつくられた

茎の皮からとれる繊維が、高級な織物の原料になる。和名は「から(幹のこと)」を蒸して繊維をとったことからつけられた。野山や人里で普通に見られる。草丈は1～2mで、茎や葉柄に毛がたくさん生えている。葉は長さ10～15cmで互生し、ふちに粗く細い鋸歯がある。葉の裏には白い毛が密生して、白っぽく見える。雌雄同株《しゆうどうしゅ》で、雌花の穂は茎の上部に、雄花の穂は茎の下部につく。カラムシとよく似ていて、葉の裏が緑色なのは、変種のアオカラムシ。

ヤブマオ

【藪苧麻】

学名	*Boehmeria japonica* var. *longispica*
別名	
科名	イラクサ科
属名	ヤブマオ属
花期	8～10月
分布	北海道、本州、四国、九州

野山でよく目にするありふれた草

マオは、同属のカラムシ（左頁）の別名。やぶに生え、マオに似ていることから、ヤブマオと名づけられた。野山でごく普通に見られる。葉は対生で、長さ10～15cm。厚みがあり、表面はざらざらしていて、ふちに粗い鋸歯がある。雌雄同株《しゆうどうしゅ》で、小さな花が集まって、長い穂になっている。茎の上のほうに雌花の穂、下のほうに雄花の穂がつく。草丈1～1.2mで、茎はまっすぐ伸び、枝分かれはしない。よく似たメヤブマオは、ヤブマオより花序が細く、葉も薄い。

雌花の花序ははじめ白く、やがて緑色がかる。

メヤブマオ

葉は触ると薄い

メヤブマオはヤブマオによく似ているが、葉は薄く、葉のふちにある鋸歯がより粗い。個体変化も大きいが、花序は通常、細くて弱々しい。

ウマノスズクサ

【馬の鈴草】

学名	*Aristolochia debilis*
別名	ウマノスズカケ、ウマノスズ、ショウモクコウ、ジャコウソウ、オハグロバナ
科名	ウマノスズクサ科
属名	ウマノスズクサ属
花期	7～9月
分布	本州（関東地方以西）、四国、九州、沖縄

花がとても多い個体。

果実が馬の鈴に似ているのが名の由来

川の土手や林のふちなどに生えるつる植物。葉は長さ4～7cm、三角形に近い形で、基部は両側が耳のように張り出している。花には花弁はなく、3つの萼《がく》片《へん》が合着して、ゆるく曲がった、長い筒のような形になっている。雄しべと雌しべのある部分が、丸く膨らみ、先端がラッパのように広がった、ユニークな形。葉、根、果実などに有毒成分を含む。果実は長い柄でぶら下がり、熟すと6つに裂ける。この姿を、馬の首につける鈴に見立てた命名といわれる。

かいでみよう

ジャコウアゲハの食草

本種はジャコウアゲハの食草として知られる。本種には毒があり、好んでこれを食べる虫はジャコウアゲハだけ。触ると臭いにおいを出す。蛹を菊虫と呼ぶ。

ヨモギ

【蓬】

学名	*Artemisia indica* var. *maximowiczii*
別名	モグサ、ヤキクサ、ヤイグサ、サシモグサ、サセモグサ、モチグサ、エモギ、シカミヨモギ、タハレグサ、フクロイグサ
科名	キク科
属名	ヨモギ属
花期	9～10月
分布	本州、四国、九州、沖縄

日本人の生活に重宝する天然のハーブ

若葉を触ったにおいに春の始まりを感じる。草餅にすることでモチグサの呼び名もある。また乾燥した葉裏の白い綿毛を集めてお灸に使うもぐさにする。昔から生活に深く結びついた野草である。山野のどこでも見られ、草丈は1m前後になる。花が咲くころには、地面に広がるように生える根生葉《こんせいよう》は枯れてしまい、春の姿とは異なり背も高くなるのでヨモギと気づかない人もいる。茎が伸びた先に1.5mmほどの頭花がたくさんつき、下向きに咲いた花から花粉が飛ぶ。

伸びて花が咲いたヨモギは春の若葉のイメージと違う。

食べてみよう

有用な天然のハーブ

ヨモギは大昔から天然のハーブとして日本人に食べられてきた。沖縄以外ではおもに菓子に使用し、若い茎葉を採って草餅などを作る。

イノコヅチ

【猪子槌】

学名	*Achyranthes bidentata* var. *japonica*
別名	ヒカゲイノコヅチ
科名	ヒユ科
属名	イノコズチ属
花期	8～9月
分布	本州、四国、九州

あまり日の当たらない所に生える。

実は服などにくっついて運ばれる

別名はヒカゲイノコヅチで、名前のとおり、林の中など日があまり当たらない所に生える。同属のヒナタイノコヅチが、日当たりのよい場所に生えるのと対照的。本種は、ヒナタイノコヅチと比べて花序が細く、葉も薄い。果実にはとげがつき、これで動物の体などにくっついて運ばれる。草丈は50～100cm。葉は長だ円形で先がとがり、対生する。茎の節が太く膨らんでいて、これをイノシシの膝頭に見立てた命名といわれるが、名前の由来は諸説ある。

ヒナタイノコヅチ

果実はひっつき虫

ヒナタイノコヅチにはヒカゲイノコヅチよりも毛が多く、果実は密につく。大きなとげがあり、服などについて種子が散布される。

イノコヅチとヒナタイノコヅチ

イノコヅチは花序が長く、花茎《かけい》にややまばらにつく。

イノコヅチの花は、仮雄しべが小さく目立たない。

果実の基部にある半透明の膜状付属体がやや大きい。

ヒナタイノコヅチの花序。毛が多く、花は密集する。

ヒナタイノコヅチの花。仮雄しべが四角く見える。

ヒナタイノコヅチの果実の付属体は比較的小さい。

アマチャヅル

【甘茶蔓】

学名	*Gynostemma pentaphyllum*
別名	ツルアマチャ、アマクサ、アマカズラ、ヤブカンゾウ
科名	ウリ科
属名	アマチャヅル属
花期	8～9月
分布	日本全土

山や里近くの林に生える。生の葉をかむと甘く感じるつる植物なので、花祭に飲むアジサイの仲間で作る甘茶にかけて名づけられた。雌雄異株《しゅういしゅ》。葉は通常5小葉だが、3～7のこともある。黒緑に熟す果実の直径は7mm。

オオオナモミ

【大巻耳】

学名	*Xanthium occidentale*
別名	
科名	キク科
属名	オナモミ属
花期	8～11月
分布	メキシコ原産といわれる。北海道、本州、四国、九州に帰化

1 2 3 4 5 6 7 8 9 10 11 12

身の周りではオナモミよりも本種のほうが多い。

服などにくっつく「ひっつき虫」の代表

北アメリカ原産とされる帰化植物。古い時代にアジア大陸から渡来したオナモミと似ているが、現在はこのオオオナモミのほうが多くなっている。オナモミより葉も果実も少し大きい。草丈は50～200cm。茎は紫褐色がかっていることが多い。葉には長い柄があり、広卵形で、3～5つに浅く裂ける。雄花と雌花が同じ株につく雌雄同株。「ひっつき虫」の一つで、果実の表面に密生するとげの先端がかぎ状に曲がっていて、これが動物の毛などにひっかかって運ばれる。

触ってみよう

とげでひっつく

果実はとげだらけで、服によくひっつく。セーターなどにつくと、はがすのが大変だ。大きいので投げてくっつけることもできる。

カナムグラ

【鉄葎】

学名	*Humulus scandens*
別名	クワムグラ、ハナムグラ、ムグラ
科名	アサ科
属名	カラハナソウ属
花期	8～10月
分布	日本全土

ビールに使われるホップの仲間

荒れ地や道端で見られるつる植物。茎や葉柄に下向きのとげが生え、ほかの植物などにからみついて伸びる。葉は長さ5～12cmほどで、5～7つに裂け、表面に毛があるため、触るとざらざらする。雌雄《しゆう》異株《いしゅ》で、雄花は円すい花序になる。雌花は穂状になり下向きにつく。どちらの花にも花弁はない。名前の葎《むぐら》は、覆いかぶさるように生い茂る雑草のやぶの意味。茎が鉄のように丈夫な葎という意味で名づけられた。ビールの苦みづけに使われるホップと同属の植物。

道端など日当たりのよい環境に生える。

見てみよう

雌花の花序

雌雄異株。雌花は10個以上の苞葉《ほうよう》が集まって、長さ2cm程度の球形の花序となり、濃い紫色を帯びる。ビールのホップはこの近縁種。

カヤツリグサ

【蚊帳吊草】

学名	*Cyperus microiria*
別名	マスクサ、カヤツリ、カチョウグサ、トンボグサ
科名	カヤツリグサ科
属名	カヤツリグサ属
花期	8～10月
分布	本州、四国、九州

畑や田んぼの周りなどでよく見られる。

花序は花火のように分かれた枝につく

角張った茎を切って両端から引き裂くと四角形に開き、この形を蚊帳に見立てたのが名前の由来。子供がこの茎でよく遊ぶ。カヤツリグサ科の植物は、茎の断面が三角形になることが大きな特徴。畑や道端などでごく普通に見られる。草丈は20～60cmで、茎の根元に細長い葉がつく。茎の先には細長い苞葉《ほうよう》がつき、その間から5～10本の枝を出して、花序をつける。コゴメガヤツリやチャガヤツリなどと似ているが、本種は小穂の鱗片《りんぺん》が黄褐色で先がとがっている。

見てみよう

古代の紙

カヤツリグサの仲間のパピルスは、古代エジプトで紙として使われたもので、アフリカなどに分布する。茎を薄くそいで重ねて圧縮して紙を作る。

野草を五感で観察する楽しみ

文・イラスト／川上典子 NACOT（NACS-J 自然観察指導員東京連絡会）代表

野山を歩いていて、出会った野草の名前がわかった時はわくわくするものです。さらに野草に近づくことで気づきがあり、思いがけない発見をすることもあります。すると、野草にもっと親しみを感じるようになります。そんな野草の魅力を、五感で楽しんでみましょう。

視点を変えて、野草を感じてみよう

まずは、ルーペを使って花を見てみましょう。花の中のよくできた構造や、見慣れない不思議な世界が見えてきます。例えば春植物のカタクリ。紅紫色の花弁にはW形の模様があって、なんとも美しいものです。さらにルーペを手鏡に変えてみると、視線の先に非日常的な、見たこともない光景が広がります。まるで、小さな昆虫になったような気分です。

夏にたくさんの昆虫が集まるつる植物、ヤブガラシ。ルーペで見ると小さなカップに入った蜜がきらきら輝いて、まるでオレンジジュースが入った燭台がいくつも並んでいるよう。昆虫たちに人気がある理由がわかる気がします。

野草を音で感じてみよう

植物たちは黙っているけれど、いろいろな音を発信しています。耳を澄ましてみましょう。葉が風にそよぐ音。実がはじけてタネが飛ぶ瞬間のパチン！という音。ナズナの実の柄を根元から少し裂き、逆さにして振ると、軽やかな音をシャラシャラと奏でます。鳥のさえずりも聞こえてきます。さあ、耳を澄まして、植物や鳥たちが発するかわいい音を探してみましょう。

見てみよう

カタクリ

ヤブガラシ

聴いてみよう

カラスノエンドウ

ナズナ

野草を香りで感じよう

野山を歩いていると、いい香りがどこからともなく風にのって漂ってきます。緑のにおいも心地いいです。野草を香りで感じてみましょう。花の香りは何に似ているでしょう。花や葉の香りには個性があり、種類によっては見わけるためのヒントにもなります。ドクダミやマツカゼソウのように香りの強い葉は、人によってにおいの感じ方が違って面白いもの。悪臭と感じる人もいれば、心地よい香りだと感じる人もいます。どちらにしても、「わあっ！」と感じた強い香りは印象に残るものです。

葉はできるだけちぎらず、触って指先に移った香りを楽しむようにしましょう。香りがはっきりしないときは葉をもんでみましょう。ただし、植物によってはかぶれたり、とげがあったりするので触るときには注意しましょう。

かいでみよう

ウバユリ

ドクダミ

野草を味覚で感じよう

昆虫や鳥たちが食べている野草の葉や実には、人が食べてもおいしく感じるものもあります。ヨモギは草団子に、フキノトウは天ぷらにするように、おなじみの旬の野草は昔から食材として扱われ、食べられてきました。野草を味わうことは四季折々の旬を感じることでもあります。スイバはどんな味でしょう。赤くておいしそうに見えるヘビイチゴは食べられるのでしょうか。試して感じてみましょう。ただし、草木の葉や実には人体に有毒のものも少なくありません。むやみに口にせず、食べるのが問題ないとわかっているものに限りましょう。口に含んだときに苦さや、極端な刺激がある時はすぐに口から出すようにします。

食べてみよう

ヘビイチゴ

スイバ

野草を手触りで感じよう

植物の茎や葉はどれも同じように見えますが、手で触れてみるとそれぞれ感触が違うことがはっきりわかります。柔らかい毛が密生したふさふさの葉、逆にざらざらする葉、四角い茎や何か引っかかる茎もあります。手触りも、野草を見わける上でとても役に立つ特徴です。

触ると何かが起こることもあります。ムラサキケマンやツリフネソウの熟した果実は、触った瞬間にはじけ、種が飛びます。その感触と動きは衝撃的です。また、知らないうちに服にくっついたノブキやキンミズヒキの実は、触ってみるとねばねばしていたり、ひっつくためのかぎがあります。種子が遠くまで運ばれる仕組みを、触って感じてみましょう。

おまけ 遊んで野草を感じよう

「ひっつき虫」と呼ばれる、くっつく実や種子を集めてみましょう。フェルト生地に「ひっつき虫」をくっつけて並べると、ユニークでかわいらしいアートのできあがり。

秋にタヌキのしっぽのような穂がゆれるチカラシバ、穂を下から上へと手で押し上げてみましょう。まるでウニに変身したかのようで、とげまでそっくりです。

変わった形の葉があったら、ボードと紙の間にはさんで、色鉛筆ですりだしてみてもおもしろいです。身近なところで、野草と親しみながら楽しく遊んでみましょう。

野草を五感で観察して楽しむことは、自然界から発信されている多くのメッセージを読み取ることですし、そこには多くの感動があります。五感で野草に親しみ、その美しさや不思議さを感じ、楽しいと思った時から、私たちは自然の素晴らしさを知り、大切にしたいと考えるようになるでしょう。

NACOT ウェブサイト
http://www.nacot.org

触ってみよう

ツリフネソウ

遊んでみよう

チカラシバの穂は、
ギュッと押しあげると、
ウニに変身する

ひっつき虫を、
フェルト生地に
引っかけて
飾った作品

もっと深く知るための観察入門

文・写真／髙橋修

身近な野草が少しずつわかるようになり、知識が増えてくると、もっと見たい、知りたいという気持ちになるでしょう。より深く知るためには、もう一度じっくり観察することです。見た植物を図鑑で確認することも大切です。いろいろな場所に足を延ばしましょう。身の周りの野草を知っていると、初めて出会う植物がはっきりします。経験を積めば積むほど、楽しみはどんどん広がります。なにより大切なのは、好奇心です。

服装

野草観察は普段着でできますが、動きやすい服にしましょう。野山などでは、快適な服装としっかりした装備で。

帽子

通気性が高く、つばが広いものがお勧めです。

速乾性化学繊維下着

夏でも冬でも登山用の速乾性下着が快適です。綿の下着は汗が乾きにくく、体を冷やします。

長袖・長丈の服

虫さされや、とげ、紫外線から肌を守るため、常に長袖を着ましょう。

靴

ゴアテックス素材を使用した防水のトレッキングシューズが万能ですが、水辺では長靴も便利です。

野草観察のフィールド

野草観察はいつでもどこでもできます。気軽に楽しめて、発見もたくさん。

道端

いつも歩いている見慣れた道端にも発見はあります。植え込みなどには帰化植物が出現します。

公園

気軽な自然観察に。自然公園なら一年を通して四季の変化を楽しめます。

道具

野草観察にルーペは必須ですし、デジカメで記録を撮るのも楽しいものです。

ルーペやミラー

植物の細かい構造を拡大して見たり、違った角度から見ると、発見がたくさんあります。4～10倍くらいまでの倍率のものを。ルーペを観察対象に近づけるのではなく、眼にあてて観察対象を近づけるようにするのが正しい使い方です。

デジタルカメラ

花の写真を一枚撮っただけでは、後で調べられないことが多いです。葉や、茎、花の裏側など、いろいろな個所を撮りましょう。マクロ機能の充実した機種がお勧めです。少し荷物が重くなりますが、一眼レフはより美しい写真を撮ることができ、ピントの位置など思いどおりに撮りやすいです。

本書

本書を野外で活用して下さい。より詳しく調べるためには、持ち歩けないような大きい図鑑も必要でしょう。

水と食料

野山を歩くときには、水分は多めに用意し、こまめに補給しましょう。行動食として菓子類も用意しましょう。

防寒具と雨具

軽量なレインウェアの上下をいつも持っていれば、急な天候の変化にも対応できるし、防寒具にもなります。防水透湿性のウェアなら万能で、どんな条件でも対応できます。

河原

水辺の植物から草地の植物まで種類が豊富。大雨で環境が一変することもあります。

山

自然の宝庫。歩けば歩くほど発見が。ある程度しっかりした服装と装備が必要です。

観察の楽しみ方

自然観察は気軽に始められ、奥が深いものです。様々な楽しみ方と多くの発見があります。同じ場所でも季節が変わると、観察対象も変わります。

「いつもの場所」を見つける

いつでも行ける身近なフィールドで、「いつもの場所」を見つけましょう。植物観察では、特徴をよく見て覚えることが重要です。植物は同じ種類でも、その時々で姿を変えます。「いつもの場所」で同じ植物の特徴と変化を何度も見るのが、覚えるための早道です。そうすれば、ほかの場所に行ったときに「似ているけど特徴が違う」というような発見につながるのです。

「花旅」の楽しみ

野草に詳しくなってくると、「見たことがない花を見たい」という気持ちが湧いてきます。植物は環境によって生える種類が異なるので、「いつもの場所」に見たい花がない場合は、「花旅」へ出かけることになります。そのとき重要なのは花の開花時期。インターネットなどで情報を得てから出かけましょう。日本は南北が長く、北の果て礼文島から南は南西諸島まで、「花旅」のフィールドはとても広いです。

徳島県の那珂川にしか咲かないナカガワノギク

花を見つけるコツ

植物は種類によってそれぞれ好みの環境があります。その環境を知っていれば、お目当ての花がありそうな場所の大まかな見当がつきます。その周囲を探しましょう。頭の中でその花の形と色のイメージを作っておくことも大切です。発見は、経験と知識に裏付けられた勘による部分が大きいです。もう一つ大切なのは目線です。虫の目線になって探しましょう。とにかくたくさんの花を見て、経験を積みましょう。

地味な花も慣れれば見つかる

野草の特徴と名前を覚えよう

植物に「雑草」という分類はありません。それぞれに特徴や個性があります。野草を覚えていくと、身の周りに生えている植物や、それにつながっている生き物や生態系がどんどん見えてきます。そこには、さまざまな発見があります。

野草の覚え方

名前だけ覚えようとしても右から左へ抜けて、すぐに忘れてしまうもの。色や形、生え方などの特徴をよく観察し、名前の由来などと一緒に覚えると頭に入りやすくなります。手触りやにおいなど五感で観察すれば、記憶に深く刻まれます。

フィールドでの注意点

自然界に足を踏み入れるときは謙虚な気持ちで。自然界でのルールとマナーがあります。

植物を気づかい、ダメージを与えないよう心がけよう

自然観察するときには、観察対象にダメージを与えないように気をつけましょう。ときには植物を見わけるポイントが味だったり、折った枝の中ということもありますが、必要なときだけ最小限にしましょう。とくに踏み込みには注意しましょう。人が踏むと、草木は生えられなくなります。植物を観察するために、傷めつけてしまっては本末転倒です。大人数で観察するときは特に気をつけましょう。一木一草にやさしく。

珍しい植物の自生地情報

絶滅危惧植物のような珍しい植物と出会うこともありますが、希少植物はいつも盗掘の危機にさらされています。希少植物を盗掘から保護するために、インターネットなどに写真や自生地の情報を掲載しないよう、しっかりと情報管理しましょう。

有毒植物

自然界には危険な有毒植物が多いもの。ヨウシュヤマゴボウのように一見果実がおいしそうで有毒なものもあります。安全だとわかっているもの以外は、むやみに口にしないようにしましょう。トウダイグサ科の植物の乳液や、ウルシ科の植物のように、触るとかぶれる植物にも注意しましょう。

危険な動物

身近なフィールドで最も危険な生き物はスズメバチ類。巣の近くには立ち寄らないこと。スズメバチから人を襲うことはありません。もし、近づいてきたら絶対に追い払わず、その場をそっと去りましょう。マムシ、ヤマカガシなどの毒蛇にも注意が必要。足元に注意し、とにかく近づかないようにします。

1. **図鑑をよく読む：**写真だけでなく、解説も読むようにすると、名前の由来や特徴を覚えやすい。
2. **野帳をつける：**野帳（フィールドノート）にその日見た花の名前や特徴を書く。五感で感じたことや印象に残ったことを書くとよい。
3. **観察会に参加する：**そのフィールドと観察対象をよく知っているリーダーに教わることで、単独の観察よりも多くのことを学ぶことができる。

逃げだした植物たち

解説／藤井伸二

外来生物への偏見？

外来生物にはとかく悪いイメージがつきまといます。例えば、在来淡水魚類を貪り食らうブラックバス、アマミノクロウサギなどの在来希少動物を補食するマングース、猛繁茂して水面を覆い尽くすナガエツルノゲイトウなどなど。しかし、こうした深刻な問題を引き起こしているものは，外来生物全体から見ればごく一部です。

日本で記録されている外来の維管束植物《いかんそくしょくぶつ》は軽く1000種を越えます。日本の在来維管束植物は約6000～7000種類と見積もられていますから、その数の多さを理解できると思います。都市域の緑地に生育する植物でみれば、半数以上の種類が外来です。ナガバギシギシ、シロツメクサ、ムラサキカタバミ、マツヨイグサ、ヒメオドリコソウ、オオイヌノフグリ、キキョウソウ、ハルジオン、ニワゼキショウ、ヒメヒオウギズイセン、イヌムギ、シマスズメノヒエ…数え上げるときりがありません。

外来生物だから駆除する？

「外来植物はすべて駆除すべきだ」との意見はもっともに聞こえますが、もし本当にやろうとするならば、都市部では身の周りの半分以上の種類を撲滅しなければならないことになります。おそらくそれは不可能です。

「外来生物を放置するしか手はない？」のでしょうか。それではブラックバスやマングースの例が再び起こるかもしれません。ここで考えていただきたいのは、「外来生物」というステレオタイプ的な発想に問題があるということです。外来生物は確かに招かれざる客人ですし、在来の生態系や生物多様性に悪影響を与えるものも含まれています。そのような外来生物のことを侵略的外来生物と呼びますが、すべての外来生物が侵略的な性質を持っているわけではありません。

日本に侵入している外来維管束植物は1000種を越えますが、侵略的な性質を持つ外来植物はそのうちの200種類ぐらいと見積もられます。外来植物全体からみればせいぜい2割程度にしかすぎない種類が「侵略的外来植物」です。正しい外来生物とのおつきあいとは、侵略的外来種についての対策を講じることであり、外来生物すべてを排除することではありません。

オナモミ属３種の果実（集合果）
左：イガオナモミ（外来）、中：オオオナモミ（外来）、右：オナモミ（在来）

侵略的外来生物のイメージがあまりにも強烈なために、外来生物全体が侵略的なイメージでとらえられがちですが、「外来生物＝侵略的」という誤ったステレオタイプの虜にならぬように、正しい理解が必要です。

在来種と外来種の置き換わり

在来種と外来種が置き換わったことで有名な例として、オナモミとオオオナモミを紹介しましょう。在来のオナモミが各地で衰退・消滅する一方で、外来のオオオナモミが全国に分布を拡大しました。この置き換わりは、近畿地方では1970年以前に起こり、1970年代にはオナモミは近畿地方から絶滅しています。オナモミの衰退は西日本でとくに顕著で、現在は関東以西の地域でオナモミを見ることはまずありません。関東以西では今や幻の植物です。一方で、外来のオオオナモミが1950年代以降に普遍的になりました。このため、外来のオオオナモミが在来のオナモミに誤認されているケースがよくあります。オナモミとして掲載された写真がじつはオオオナモミの写真だったという例が少なからずあります。

オナモミが消えた理由はよくわかっていません。外来のオオオナモミとの競合や雑種化が指摘されていますが、すでに消えてしまったオナモミについて今さら調べようがありません。オナモミに起こった過去の出来事を調べることは難しいのですが、これから消えてゆく植物なら調べることができます。

そのことを明らかにする最良の方法は、読者の皆さんが身の周りの植物に常に注意を払うことです。今はごく普通に見ている在来種が、数十年後には消えてしまっているかもしれません。継続的に根気よく観察することで、置き換わりの実態を明らかにできるでしょう。この本を片手に、ぜひ身の周りの草花を観察してください。

外来種同士の置き換わり

オナモミで紹介したように在来種が外来種に置き換わる例が知られていますが、一方で外来種同士でもそのようなことがあるようです。侵入・定着を果たして国内に広く繁茂するようになったものの、その後にやってきた新参者とすっかり入れ替わってしまう例があります。大阪におけるホウキギクとヒロハノホウキギクの盛衰がその例と思われます。1960 年代の大阪では外来植物のホウキギクが各地で見られましたが、1970 年代に侵入したヒロハノホウキギクがあっという間に府下全域に広がりました。ヒロハノホウキギクの勢力拡大と同時にホウキギクは急速に衰退し、現在は埋め立て地などの限られた場所で命脈を保っています。

外来種とのつきあい方

外来種が在来種と置き換わるだけでなく、ホウキギクのように外来種同士が置き換わる例があります。こうしてみると、適応的なものが生き残ってゆくという淘汰原理が外来種にも常にはたらいているように思われます。人の手によって異国の地に連れてこられた植物は、その多くがうまく定着できずに消え去っていると考えられます。一方で，定着したものの、その後にやって来た新参者に住処を奪われる場合もあります。さらには、在来生物を駆逐するほど侵略的な性質を持ったものもあります。

生態系の持続的安定をはかるために侵略的外来生物の防除は喫緊の課題です。外来生物の中で危険な侵略性を有するものはごく一部であることも事実です。私たちは、これからも増え続ける外来生物とつきあってゆかねばなりません。外来生物の多様性をきちんと理解して、相手に応じた上手なつきあい方をすることがこれからの私たちに必要です。

用語解説

一年草《いちねんそう》　発芽後１年以内に開花・結実し、枯死する植物（地下部分を含む）。

エライオソーム　スミレなどの種子に付着する物質で、アリを誘引し、種子ごと巣に運ばせて散布させるはたらきがある。

塊茎《かいけい》　地下茎や横に伸びる茎が養分を蓄えて肥大化したもの。ショウガなど。

開出毛《かいしゅつもう》　表皮にたいして直角に伸びる毛。
⇒オオアレチノギクの茎など（p78）

外来生物《がいらいせいぶつ》　人間活動によって、ある地域・環境に外部から入り込んで定着した生物のこと。植物の場合、帰化植物と呼ぶ。在来生物への影響の度合いに応じて、外来生物法によって侵略的あるいは要注意に分類される。

花冠《かかん》　花弁によって構成される花の器官。花弁が離生するもの（離弁）や基部で合着するもの（合弁）がある。

萼《がく》・萼片《がくへん》　花を構成する部分で、花《か》冠《かん》より外側にある。萼を構成する一枚一枚を萼片といい、離生する（離弁）場合と基部で合着する場合がある。

萼筒《がくとう》　萼片《がくへん》が合着して筒状になった部分。

学名《がくめい》　国際的な命名規約に基づくラテン語で表記される正式な生物名。種名の場合は，属名（分類学的な種の上のランクのまとまり）と種小名（その種の特徴を形容する名）の２語からなる。通常は斜体で表記し、論文では命名者名を付記するが、本書では省略。亜種は種名の後に subsp.、変種は var.、品種は f.、雑種は種小名の前に×をつけてそれぞれ表記し、栽培品種は‘ ’で囲って表記する。

花茎《かけい》　花をつける茎。通常は葉をつけない。

花序《かじょ》　花の集まりやその形。複数の花が規則性をもってまとまった集まりや配列。

花柱《かちゅう》　雌しべの子房と柱頭の間の長く伸びた部分。

花被片《かひへん》　花被《かひ》の一枚一枚のこと。萼《がく》片《へん》と花弁が明確に区別できない場合、まとめて花被と呼ぶ。

果柄《かへい》　果実を支える柄。

花柄《かへい》　花を支える柄。

花弁《かべん》　花冠《かかん》を構成する弁状の構造物。一般的に花びらと呼ばれる部分。

冠毛《かんもう》　おもにキク科の果実にみられる毛状の器官。キク科の冠毛は萼《がく》が変化したものと考えられている。一般に、風散布のため発達する。

帰化植物《きかしょくぶつ》　人間活動によって、本来の自生地以外の地域、環境に運ばれ、定着した植物。

偽球茎《ぎきゅうけい》　養分を蓄えるために部分的に肥大化した茎。
⇒サイハイラン（p247）

球茎《きゅうけい》　養分を蓄えて肥大した茎。

球根《きゅうこん》　球茎《きゅうけい》，鱗茎《りんけい》，塊茎《かいけい》などの地下貯蔵器官の総称。名称と異なり、根ではない場合がほとんど。

距《きょ》　花冠《かかん》や萼《がく》の長く筒状に飛び出した部分。蜜を蓄えるはたらきがある。スミレ類、イカリソウ類、ラン類などで顕著。

近縁種《きんえんしゅ》　分類上、近い関係にある生物のこと。

根茎《こんけい》　根のように見える地下茎。

根出葉《こんしゅつよう》　⇒根生葉《こんせいよう》

根生葉《こんせいよう》　茎の地表ぎりぎりから生える葉。実際には根から生えているわけではない。これに対して通常の葉を茎葉《けいよう》と呼ぶ。
⇒オオバコ（p68）など

散形花序《さんけいかじょ》　花柄《かへい》が１か所から複数伸び、花が平面状に集まった配列になる花序。⇒シャク（p45）など

散房花序《さんぼうかじょ》　花が平面状に集まった配列になる花序で、花柄《かへい》に長短がある。

自家受粉《じかじゅふん》　自らと同一個体の花粉によって受粉すること。

自生《じせい》　人が植えたのではなく、その地域にもともと野生状態で自然に生育していること。

子房《しぼう》　雌しべのなかで、受粉後に果実になる部分。内部の胚珠《はいしゅ》は果実期に種子として発達する。

雌雄異熟《しゆういじゅく》　両性花《りょうせいか》で雌しべと雄しべが成熟する時期が異なることで自家受粉を防ぐ性質。雄しべが先に成熟することを雄性先熟《ゆうせいせんじゅく》、雌しべが先に成熟することを雌性先熟《しせいせんじゅく》という。

主脈《しゅみゃく》　最も太い葉脈。中央を通る葉脈を中央脈という。

小葉《しょうよう》　複葉を構成する葉。

数性《すうせい》　花の構成単位である萼《がく》、花冠《かかん》、雌しべ、雄しべの各要素の数は種によって一定しており、多くの単子葉《たんしよう》植物では花の構成要素の数が３の倍数となっている。これを３数性という。アブラナ科は花の構成要素の数が２の倍数なので、２数性である。
⇒ミズタマソウ（p108）など

スプリング・エフェメラル　「春のはかないもの」の意。落葉広葉樹林の葉が茂る前に開花から結実までを済ませてしまい、夏頃には地上から姿を消してしまう生活史をもつ早春植物の総称。カタクリ（p244）やニリンソウ（p27）などが代表的。

舌状花《ぜつじょうか》　キク科の小花のうち、花冠《かかん》の上部が舌状に長く発達した花。ヒマワリなどの頭花（頭状花序）では中心部の筒状花《とうじょうか》を放射状に取り囲むが、タンポポ類では舌状花のみが集まって頭花を形成している。

腺点《せんてん》　表皮に存在する分泌組織。分泌物が蜜の場合は蜜腺《みつせん》という。突起状の場合は腺体《せんたい》という。⇒タガラシ（p147）など

腺毛《せんもう》　粘液などを分泌する毛状の組織。モウセンゴケなどの食虫植物では昆虫を捕らえるはたらきがある。
⇒ノブキ（p83）など

送粉《そうふん》　花粉が雌しべに運ばれて受粉する現象。

総苞《そうほう》（片）　キク科植物などにみられる頭状花序を包む葉状器官。これらの１片１片を総苞片《そうほうへん》という。また、ブナ科植物の殻斗も総苞と呼ばれる。
⇒カントウタンポポ（p133）など

側脈《そくみゃく》　主脈から分岐して伸びる葉脈。

托葉《たくよう》　葉身《ようしん》、葉柄《ようへい》と共に葉を構成する器官の一つで、葉柄上もしくは葉柄基部の茎上にあることが多い。芽を包んで保護したり、伸長前の葉身を保護する機能がある。芽吹きと共に落ちてしまうことも多い。

托葉鞘《たくようしょう》　托葉《たくよう》が筒状になって茎を包む部分。
⇒オオイヌタデ（p291）など

多年草《たねんそう》　２年以上生存する草本植物。

単為生殖《たんいせいしょく》　雌が無性的に生殖して子孫を形成すること。植物の場合、受粉を経ずに種子ができて増殖すること。⇒セイヨウタンポポ（p132）など

地下茎《ちかけい》　地表よりも下にある茎。根のように見える根茎《こんけい》のほか、走出枝、鱗茎《りんけい》や塊茎《かいけい》、球茎《きゅうけい》を総称する。貯蔵器官や無性繁殖の役割もある。

柱頭《ちゅうとう》　雌しべの先端。花粉を受粉する部分。

柱頭運動《ちゅうとううんどう》　受粉をより確実にするため、刺激を受けた柱頭が膨圧運動《ぼうあつうんどう》によって動く現象。
⇒サギゴケ（p248）など

長角果《ちょうかくか》　細長い形で、縦に2つに割れる果実。代表的な例にアブラナ科植物がある。

頭花《とうか》　頭状花序《とうじょうかじょ》の略。一つの花のように見える花序のこと。

豆果《とうか》　種子がさやに包まれた豆状の果実。

筒状花《とうじょうか》　キク科の小花のうち，花冠《かかん》が筒状の花。ヒマワリなどでは頭花《とうか》（頭状花序《とうじょうかじょ》）の中心部を構成し、舌状花《ぜつじょうか》によって放射状に囲まれる。アザミなどは筒状花のみが集まって、頭花を形成している。

日本固有種《にほんこゆうしゅ》　日本国内でのみ自生・生息する生物種。

芒《のぎ》　イネ科植物の小花を構成する穎《えい》にあるとげ状の突起。ぼうともいう。
⇒チヂミザサ（p113）など

複散形花序《ふくさんけいかじょ》　複数の散形花序《さんけいかじょ》が組み合わさった花序。セリ科のほとんどがこのタイプ。
⇒シシウド（p90）など

複数羽状複葉《ふくすううじょうふくよう》　羽状複葉の一種で、その分裂様式が1回のものを単羽状、2回以上のものを複数羽状複葉と呼ぶ。分裂様式が2回繰り返されるものは2回羽状複葉、3回の繰り返しなら3回羽状複葉となる。
⇒ヤブジラミ（p44）など

仏炎苞《ぶつえんほう》　ミミガタテンナンショウ（p341）などで花序を包む大形の苞《ほう》のこと。

閉鎖花《へいさか》　開花せずに自家受粉《じかじゅふん》によって結実する花。花冠《かかん》の発達しないことが多い。閉鎖花とともに開放花をつけて他家受粉《たかじゅふん》を行う植物が多い。センボンヤリ（p39）は春に開放花、秋に閉鎖花をつける。

苞《ほう》　⇒苞葉《ほうよう》

苞鞘《ほうしょう》　茎を包む、さや状の苞《ほう》。
⇒ジュズダマ（p357）など

苞葉《ほうよう》**（苞）**　花や花序の基部に付属する葉的器官．おもに蕾《つぼみ》を包んで保護するはたらきをもつが、ドクダミ（p74）のように、花を大きく見せる効果をもつ場合もある。

匍匐枝《ほふくし》　匐枝《ふくし》。茎の基部から地表をはって水平方向に伸びる茎。節から根を下ろし、節と節の間でちぎれると独立した植物体になる。

蜜源植物《みつげんしょくぶつ》　ミツバチに蜜を採らせるのに適した植物。
⇒レンゲソウ（p229）など

蜜腺《みつせん》　⇒腺点《せんてん》

珠芽《むかご》　塊茎《かいけい》の一種で、養分を蓄えた不定芽《ふていが》。地面に落ちることで、新しい個体として生長することができる。このような増え方を栄養繁殖という。

⇒ヤマノイモ（p93）など

雄性先熟《ゆうせいせんじゅく》　⇒雌雄異熟《しゆういじゅく》

油点《ゆてん》　ミカン科やオトギリソウ科の葉にある半透明の点で、油分などを含む。⇒オトギリソウ（p178）など

葉腋《ようえき》　葉（葉柄）基部の茎に付着する部分のこと。ここに腋芽《えきが》が形成される。

葉身《ようしん》　葉柄《ようへい》と托葉《たくよう》を除いた、葉の本体。通常は扁平な形態をしている。

葉柄《ようへい》　軸状となった葉の一部で、葉《よう》身《しん》と茎を接続する器官。

葉脈《ようみゃく》　維管束組織《いかんそくそしき》を主体とする水分や養分の通り道。主脈から側脈が分岐し、さらに細脈《さいみゃく》や網脈《もうみゃく》に分岐。

葉緑体《ようりょくたい》　植物の細胞内にある器官で、クロロフィル（葉緑素）などの光合成色素を含み、光合成の反応が行われている。

稜《りょう》　角張っている状態のこと。
⇒アマドコロ（p56）など

両性花《りょうせいか》　1つの花に雄しべと雌しべが両方あり、生殖機能もある花。

鱗茎《りんけい》　短い茎の周りに鱗片葉《りんぺんよう》が重なった貯蔵器官。俗に球根と呼ばれる。

⇒ムラサキカタバミ（p254）など

鱗片葉《りんぺんよう》　普通葉や花、茎を保護するために鱗状になって重なる葉。地下貯蔵器官となることもある。通常、葉緑体をもたない。

ロゼット　地表に密着した放射状の根生葉《こんせいよう》（ロゼット葉）をもつ植物体の形状。

さくいん

本書に掲載している野草の名前を50音順に並べてあります。
太字は写真掲載種です。

ア

アオカラムシ…370
アオチカラシバ…356
アオテンマ…358
アカカタバミ…162
アカツメクサ
⇒ムラサキツメクサ…230
アカネ…366
アカノマンマ
⇒イヌタデ…290
アカバナ…297
アカバナユウゲショウ
⇒ユウゲショウ…264
アカマンマ
⇒イヌタデ…290
アキタブキ…37
アキノウナギツカミ…269
アキノエノコログサ…354
アキノキリンソウ…173
アキノタムラソウ…286
アキノノゲシ…172
アサマフウロ…105
アシズリノジギク…121
アズマイチゲ…24
アゼトウナ…199
アゼムシロ
⇒ミゾカクシ…277
アマチャヅル…375
アマドコロ…56
アマナ…31
アメリカイヌホオズキ…296
アメリカオニアザミ…258
アメリカセンダングサ…191
アメリカフウロ…260
アメリカヤマゴボウ
⇒ヨウシュヤマゴボウ…77
アヤメ…251
アレチウリ…102
アレチヌスビトハギ…299
アレチハナガサ…299
アレチマツヨイグサ…165
アワコガネギク…199
アワダチソウ
⇒アキノキリンソウ…173
アワバナ
⇒オミナエシ…189

イ

イ**⇒イグサ…336**
イカリソウ…231
イグサ…336
イシミカワ…362
イソギク…198
イタドリ…103
イチリンソウ…26
イヌガラシ…128
イヌキクイモ…194
イヌゴマ…284
イヌセンブリ…118
イヌタデ…290
イヌナズナ…127
イヌノフグリ…317
イヌビエ…352
イヌホオズキ…296
イヌムギ…349
イヌヤマハッカ…312
イノコズチ…374
イノコヅチ…374
イモカタバミ…255
イワアカバナ…297
イワタバコ…272
イワニガナ
⇒ジシバリ…137
イワボタン…153
インパチェンス…177

ウ

ウシノヒタイ
⇒ミゾソバ…292
ウシハコベ…51
ウスバサイシン…330
ウスベニアオイ…271
ウツボグサ…283
ウド…46、**90**
ウバユリ…96
ウマゴヤシ…143
ウマノアシガタ…146
ウマノスズクサ…372
ウマノミツバ…89
ウラシマソウ…343
ウラジロチチコグサ…346
ウンラン…266

エ

エイザンスミレ…236
エゾエンゴサク…29、241
エゾカワラナデシコ…306
エゾタンポポ…135
エゾノギシギシ…360
エゾミソハギ…289
エノコログサ…355
エビヅル…368
エビネ…329

オ

オウレンダマシ
⇒セントウソウ…43
オオアマナ…55
オオアラセイトウ
⇒ショカツサイ…214
オオアレチノギク…78
オオイヌタデ…291
オオイヌノフグリ…318
オオオナモミ…376
オオキンケイギク…166

オオケタデ……………293
オオジシバリ…………137
オオチドメ……………364
オオニシキソウ………363
オオニワゼキショウ…252
オオバキスミレ………233
オオバギボウシ………279
オオバコ…………………68
オオバタンキリマメ
⇒**トキリマメ**…………181
オオバナノセンダングサ…191
オオブタクサ…………169
オオマツヨイグサ……165
オカオグルマ…………138
オカトラノオ……………73
オギ………………………111
オグルマ………………138
オシロイバナ…………305
オッタチカタバミ……163
オトギリソウ…………178
オトコエシ……………114
オドリコソウ……………49
オナモミ…………193、376
オニタビラコ…………131
オニドコロ……………369
オニノゲシ……………141
オニノヤガラ…………358
オニユリ………………204
オバナ⇒**ススキ**………110
オヒシバ………………351
オヘビイチゴ…………157
オミナエシ……………189
オモダカ………………115
オヤブジラミ……………45
オランダガラシ…………34
オランダミミナグサ……53

カ

ガガイモ………………261
カキツバタ……………250
カキドオシ……………219
カコソウ
⇒**ウツボグサ**…………283
カスマグサ……………227
カタクリ………………244
カタバミ………………162
カテンソウ……………338
カナムグラ……………377
カノコソウ………………62
カノコユリ………………95
ガマ……………………359
カメバヒキオコシ……312
カヤツリグサ…………378
カラシナ………………126
カラスウリ……………101
カラスノエンドウ……226
カラスノゴマ…………187
カラスビシャク………344
カラスムギ……………333
カラムシ………………370
カワラナデシコ………306
カワラマツバ……………98
カンサイタンポポ……134
カントウタンポポ……133
カントウヨメナ………274

キ

キイシオギク…………198
キカラスウリ…………100
キキョウ………………325
キキョウソウ…………270
キクイモ………………194
キクザキイチゲ…………25
キクザキイチリンソウ
⇒**キクザキイチゲ**………25
キケマン………………153
ギシギシ………………360
キジムシロ……………154
キショウブ……………161
キダチコマツナギ……302
キタミフクジュソウ…124
キチジョウソウ………280
キツネアザミ…………259
キツネササゲ
⇒**ノササゲ**……………182
キツネノカミソリ……207
キツネノボタン………148
キツネノマゴ…………310
キツリフネ……………177
キバナカワラマツバ…184
キバナノアキギリ……177
キバナノアマナ…………29
キビシロタンポポ………38
キブネギク
⇒**シュウメイギク**……315
キュウリグサ…………320
キランソウ……………217
キリンソウ……………173
キンエノコロ…………354
キンポウゲ……………146
キンミズヒキ…………174
キンラン………………160
ギンラン…………………66
ギンリョウソウ…………76

ク

クサノオウ……………151
クサレダマ……………145
クズ……………………303
クスダマツメクサ……143
クルマバナ……………287
クルマムグラ…………365
クルマユリ………………95
クレソン
⇒**オランダガラシ**………34
クレマチス……………107
クローバー
⇒**シロツメクサ**…………71
クワイ…………………115
クワモドキ
⇒**オオブタクサ**………169
グンナイフウロ………105

ケ
ケキツネノボタン……149
ゲンゲ⇒レンゲソウ…229
ゲンノショウコ………104
コ
コウゾリナ……………142
コウヤボウキ…………119
コオニタビラコ………130
コオニユリ……………204
コガネネコノメ………153
コケオトギリ…………179
コシノコバイモ…………29
コジャク⇒シャク………45
コスミレ………………235
コセンダングサ………190
コチャルメルソウ……345
コナスビ………………145
コニシキソウ…………363
コバギボウシ…………279
コハコベ…………………50
コバノタツナミ………223
コハマギク……………120
コバンソウ……………334
コヒルガオ……………263
コマツナギ……………302
コマツヨイグサ………164
コミカンソウ…………186
コミヤマカタバミ………30
コメツブウマゴヤシ…143
コメツブツメクサ……143
コメナモミ……………192
コメヒシバ……………350
サ
サイハイラン…………247
サオトメバナ
⇒ヘクソカズラ…………99
サギゴケ………………248
サクラソウ……………239
サクラタデ……………294
ササバギンラン…………67
サフランモドキ………307
サラシナショウマ……109
サルトリイバラ………367
サワオグルマ…………138
サワギキョウ…………277
サワギク………………168
サンガイグサ
⇒ホトケノザ…………220
サンダイガサ
⇒ツルボ………………282
シ
シオギク………………198
シオデ…………………367
シキンサイ
⇒ショカツサイ………214
ジゴクノカマノフタ
⇒キランソウ…………217
シコクフクジュソウ…124
シシウド…………………90
ジシバリ………………137
ジネンジョ
⇒ヤマノイモ……………93
シマカンギク…………199
シマスズメノヒエ……352
シモバシラ……………122
シャガ……………………63
シャク……………………45
ジャノヒゲ………………86
ジュウニヒトエ………218
シュウメイギク………315
ジュズダマ……………357
シュンギク……………209
シュンラン……………328
ショウジョウバカマ…243
ショカツサイ…………214
ショカッサイ
⇒ショカツサイ………214
シラヤマギク……………82
シラン…………………245
シロツメクサ……………71
シロツメグサ
⇒シロツメクサ…………71
シロノセンダングサ…190
シロバナタンポポ………38
シロバナマンテマ………54
ジロボウエンゴサク…240
シロヤブケマン………242
シロヨメナ……………121
ス
スイセン………………123
スイバ…………………361
スカシタゴボウ………129
スカシユリ………………95
ススキ…………………110
スズメノエンドウ……228
スズメノカタビラ……331
スズメノテッポウ……332
スズメノヤリ…………335
スベリヒユ……………185
スミレ…………………233
スミレサイシン………238
セ
セイタカアワダチソウ…196
セイヨウアブラナ……125
セイヨウタンポポ……132
セイヨウハッカ………288
セイヨウミヤコグサ…144
セツブンソウ……………28
ゼニアオイ……………271
セリ………………………88
セリバヒエンソウ……216
セリバヤマブキソウ…150
セントウソウ……………43
センニンソウ…………106
センブリ………………118
センボンヤリ……………39
タ
ダイコンソウ…………176
タカサゴユリ……………95
タガラシ………………147

タケニグサ……87
タチイヌノフグリ……319
タチツボスミレ……232
タツナミソウ……223
タネツケバナ……35
タビラコ
⇒コオニタビラコ……130
タマガワホトトギス…308
タマリュウ……86
ダルマギク……199
タワラムギ
⇒コバンソウ……334
タンキリマメ……180
ダンダンギキョウ
⇒キキョウソウ……270
ダンドボロギク……195
チ
チガヤ……69
チカラグサ
⇒オヒシバ……351
チカラシバ……356
チゴユリ……58
チダケサシ……265
チチコグサ……347
チチコグサモドキ……348
チヂミザサ……113
チドメグサ……364
チャボタイゲキ……159
チョロギダマシ
⇒イヌゴマ……284
ツ
ツキミソウ……165
ツタ……266
ツタバウンラン……266
ツボスミレ……64
ツユクサ……324
ツリガネニンジン……278
ツリフネソウ……311
ツルカノコソウ……62
ツルソバ……72
ツルニチニチソウ……215
ツルボ……282
ツルマメ……300
ツルマンネングサ……167
ツルヨシ……353
ツルリンドウ……326
ツワブキ……200
テ
テッセン……107
テッポウユリ……95
ト
トウカイタンポポ……135
トウダイグサ……159
トウバナ……225
トキリマメ……181
トキワイカリソウ……231
トキワハゼ……249
ドクゼリ……88
ドクダミ……74
トコロ⇒オニドコロ…369
ナ
ナガバギシギシ……360
ナガバノスミレサイシン…238
ナガミヒナゲシ……201
ナギナタコウジュ……313
ナズナ……33
ナツズイセン……307
ナツトウダイ……339
ナツノタムラソウ……286
ナルコユリ……57
ナンザンスミレ……236
ナンバンギセル……304
ニ
ニオイタチツボスミレ…232
ニガナ……136
ニシキソウ……363
ニチニチソウ……215
ニッコウネコノメ……153
ニホンズイセン
⇒スイセン……123
ニョイスミレ
⇒ツボスミレ……64
ニラ……47
ニリンソウ……27
ニワゼキショウ……252
ヌ
ヌスビトハギ……298
ヌマトラノオ……73
ネ
ネコノメソウ……152
ネジバナ……246
ネズミムギ……349
ノ
ノアザミ……256
ノアズキ……183
ノウルシ……158
ノカンゾウ……202
ノゲシ……140
ノコンギク……275
ノササゲ……182
ノジトラノオ……73
ノダケ……316
ノチドメ……364
ノハカタカラクサ……91
ノハナショウブ……250
ノハラアザミ……257
ノビエ⇒イヌビエ……352
ノビル……224
ノブキ……83
ノブドウ……368
ノボロギク……197
ノミノツヅリ……52
ノミノフスマ……52
ハ
ハエドクソウ……92
ハキダメギク……80
ハクサンフウロ……105
ハグロソウ……314
ハコベ
⇒ミドリハコベ……50

ハシリドコロ……………337
ハッカ………………………288
ハナイバナ…………………321
ハナウド……………………46
ハナカタバミ…………………254
ハナタデ……………………294
ハナニガナ……………………136
ハナニラ……………………47
ハナネコノメ………………153
ハハコグサ…………………139
パピルス……………………378
ハマカンゾウ…………………202
ハマギク……………………120
ハルザキヤマガラシ…126
ハルジオン…………………40
ハルジョオン
⇒**ハルジオン**………………40
ハルノタムラソウ……286
ハルノノゲシ
⇒**ノゲシ**……………………140
ハルリンドウ………………323
ハンゲ
⇒**カラスビシャク**……344
ハンゲショウ………………75

ヒ

ヒオウギ……………………206
ヒオウギアヤメ…………251
ヒカゲイノコヅチ
⇒**イノコヅチ**………………374
ヒガンバナ…………………213
ヒゴスミレ……………………236
ヒトリシズカ………………60
ヒナスミレ…………………237
ヒナタイノコヅチ……374
ヒメウズ……………………29
ヒメオトギリ………………179
ヒメオドリコソウ……221
ヒメガマ……………………359
ヒメキンミズヒキ……175
ヒメコバンソウ…………334
ヒメジョオン………………41
ヒメスミレ…………………234
ヒメツルソバ………………267
ヒメムカシヨモギ………79
ヒメヤブラン………………280
ヒョウノセンカタバミ…31
ヒヨドリジョウゴ………85
ヒルガオ……………………262
ヒルザキツキミソウ…264
ビロードモウズイカ…188
ヒロハアマナ………………29
ヒロハホウキギク………79
ビンボウカズラ
⇒**ヤブガラシ**………………208

フ

フウロキケマン………153
フキ……………………………37
フクジュソウ………………124
フシグロセンノウ……205
ブタクサ………………………169
ブタナ…………………………170
フタバアオイ………………330
フタリシズカ………………61
フッキソウ…………………48
フデリンドウ………………323
フトボナギナタコウジュ…313

ヘ

ヘクソカズラ………………99
ベニカタバミ…………………254
ベニバナボロギク……209
ヘビイチゴ…………………156
ヘラオオバコ………………69
ペラペラヒメジョオン
⇒**ペラペラヨメナ**………42
ペラペラヨメナ…………42
ペンペングサ
⇒**ナズナ**……………………33

ホ

ホウキギク……………………79
ホウチャクソウ…………59
ホオコグサ
⇒**ハハコグサ**………………139
ホソバキンケイギク…166
ホソバノゲシ…………………172
ホソバワダン…………………171
ホタルブクロ………………276
ボタンヅル…………………107
ホップ…………………………377
ホトケノザ…………………220
ホトトギス…………………308
ボントクタデ………………295

マ

マツカゼソウ………………117
マツバウンラン…………266
マツヨイグサ…………………164
ママコノシリヌグイ…268
マムシグサ…………………340
マメグンバイナズナ……36
マヤラン……………………247
マルバスミレ………………65
マルバヌスビトハギ…298
マルバハッカ………………288
マルバルコウ………………211
マンジュシャゲ
⇒**ヒガンバナ**………………213
マンテマ……………………54

ミ

ミズタマソウ………………108
ミズヒキ……………………210
ミゾカクシ…………………277
ミゾソバ……………………292
ミソハギ……………………289
ミチタネツケバナ………35
ミチノクフクジュソウ…124
ミツバ…………………………89
ミツバツチグリ…………155
ミツバフウロ………………105
ミドリニリンソウ………27
ミドリハコベ………………50
ミミガタテンナンショウ…341

ミミナグサ……………53
ミヤコグサ……………144
ミヤマカタバミ…………30
ミヤマキケマン…………153
ミヤマナルコユリ………57
ミョウガ……………112

ム

ムサシアブミ…………342
ムシトリナデシコ……253
ムラサキエノコログサ…354
ムラサキカタバミ……254
ムラサキケマン………242
ムラサキツメクサ……230
ムラサキニガナ………273

メ

メグサ⇒**ハッカ**………288
メシバ⇒**メヒシバ**……350
メドウセージ…………285
メドハギ……………116
メナモミ……………193
メヒシバ……………350
メマツヨイグサ………165
メヤブマオ……………371

モ

モジズリ⇒**ネジバナ**…246
モミジガサ……………81

ヤ

ヤイトバナ
⇒**ヘクソカズラ**…………99
ヤエムグラ……………365
ヤクシソウ……………171
ヤクナガイヌムギ……349
ヤセウツボ……………304
ヤナギタデ……290、295
ヤナギハナガサ………299
ヤハズエンドウ
⇒**カラスノエンドウ**…226
ヤブガラシ……………208
ヤブカンゾウ…………203
ヤブジラミ……………44
ヤブツルアズキ………183
ヤブヘビイチゴ………156
ヤブマオ……………371
ヤブマメ……………301
ヤブミョウガ…………112
ヤブラン……………281
ヤブレガサ……………81
ヤマエンゴサク………241
ヤマガラシ……………126
ヤマジノホトトギス……97
ヤマトリカブト………309
ヤマネコノメソウ……153
ヤマノイモ……………93
ヤマハッカ……………312
ヤマブキソウ…………150
ヤマブドウ……………368
ヤマホタルブクロ……276
ヤマホトトギス…………97
ヤマユリ……………94
ヤマルリソウ…………322

ユ

ユウガギク……………121
ユウゲショウ…………264
ユウレイタケ
⇒**ギンリョウソウ**………76
ユキノシタ……………70
ユキワリイチゲ…………24
ユリワサビ……………32

ヨ

ヨウシュヤマゴボウ……77
ヨゴレネコノメ………153
ヨシ……………353
ヨモギ……………373

ラ

ラショウモンカズラ…222

リ

リュウノウギク………121
リュウノヒゲ
⇒**ジャノヒゲ**……………86
リンドウ……………327

ル

ルリソウ……………322

レ

レンゲソウ……………229

ワ

ワルナスビ……………84
ワレモコウ……………212

監修者：藤井伸二（ふじいしんじ）

1964年生まれ。大阪市出身。京都大学理学研究科修士課程修了。大阪市立自然史博物館学芸員を経て、人間環境大学人間環境学部准教授。専門は植物分類学、保全生物学。共著書に「新しい植物分類学 II」（講談社）、『保全と復元の生態学』『種間関係の生物学』（文一総合出版）などがある。

著者：髙橋修（たかはしおさむ）

1964年生まれ。植物写真家。兵庫県西宮市出身。甲南大学文学部卒。植物写真講座ボタニカル・ハイキング主宰。NHK文化センター青山教室講師。植物写真家木原浩氏に師事。著書に「スイスアルプス植物手帳」（JTBパブリッシング）、「山と高原地図　赤城・皇海山・筑波」（昭文社）などがある。ブログ「フィンデルン」をほぼ毎日更新中。http://www.findeln.com/

本書に関するお問い合わせは、書名・発行日・該当ページを明記の上、下記のいずれかの方法にてお送りください。電話でのお問い合わせはお受けしておりません。
・ナツメ社webサイトの問い合わせフォーム
https://www.natsume.co.jp/contact
FAX 03-3291-1305
・郵送（下記、ナツメ出版企画株式会社宛て）
なお、回答までに日にちをいただく場合があります。
正誤のお問い合わせ以外の書籍内容に関する解説・個別の相談は行っておりません。
あらかじめご了承ください。

参考文献　山溪ハンディ図鑑1～2「野に咲く花」「山に咲く花」「野草の名前」春・夏・秋冬（山と溪谷社）、「日本帰化植物写真図鑑」「似た草80種の見分け方」（全農教）、「花と葉で見わける野草」「野の花図鑑」（小学館）、「絵でわかる植物の世界」（講談社）、「日本維管束植物目録」「維管束植物分類表」（北隆館）「日本の野生植物」I～III「日本の帰化植物」（平凡社）

色《いろ》で見《み》わけ 五感《ごかん》で楽《たの》しむ野草図鑑《やそうずかん》

2014年5月16日　初版発行
2022年8月1日　第23刷発行

監修者　藤井伸二《ふじいしんじ》
著　者　髙橋 修《たかはしおさむ》
発行者　田村正隆

発行所　株式会社ナツメ社
東京都千代田区神田神保町1－52　ナツメ社ビル1F（〒101-0051）
電話 03-3291-1257（代表）　FAX 03-3291-5761
振替 00130-1-58661

制　作　ナツメ出版企画株式会社
東京都千代田区神田神保町1－52　ナツメ社ビル3F（〒101-0051）
電話 03-3295-3921（代表）

印刷所　図書印刷株式会社

ISBN　978-4-8163-5589-9　　Printed in Japan
＜定価は表紙に表示してあります＞＜乱丁・落丁本はお取り替えします＞